切り花の日持ち技術

60品目の切り前と品質保持　　市村一雄 編著

口絵コーナーについて

- このコーナーでは本書収録の60品目の花の「切り前(収穫適期の状態)」を示しています。
- 収録順は、切り前が複数ある品目と一つの品目とに分け、それぞれを五十音順で並べています。前者は1ページの「アルストロメリア」から、後者は36ページの「アイリス/アジサイ/アスター」から始まっています。詳細は、50ページの目次をご覧下さい。
- 各品目には品種名または流通名(ないものは品名のみ)、切り前の目安、関連する本文の解説ページを記しています。
- 切り前の目安で複数あるものは硬いほうから順に「❶」「❷」と記しています。
  各数字間の違いは、以下の通りです。

4段階のもの	❶:硬い
	❷:硬め
	❸:標準(やや硬め)
	❹:ゆるめ
3段階のもの	❶:硬め
	❷:標準(やや硬め)
	❸:ゆるめ
2段階のもの	❶:硬め
	❷:標準(やや硬め)

写真はいずれも市場着時の姿を示しています。
❶〜❹の切り前はあくまで目安で、花の種類や仕向先などによって異なる場合があります。出荷先等とよく連絡し、確認のうえ切り前を決めるようにして下さい。

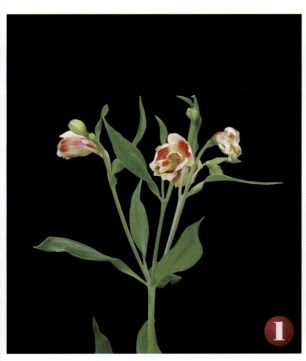

アルストロメリア ●レベッカ → p.56

カーネーション 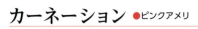 ●ピンクアメリ　p.58

カーネーション ●エクセリア p.58

ガーベラ ●アリエル p.62

キク　輪ギク ●神馬　　　▶p.66

キク　スプレーギク ●セイパレット　　p.66

キク　小ギク　　　　→ p.66

キク（ディスバッドタイプ） ●セイオペラピンク　p.66

キンギョソウ ●アスリートイエロー　p.68

①

キンセンカ ●オレンジスター　→p.70

②

スターチスシヌアータ ●サンデーバイオレット p.82

ストック ●ピンクフラッシュカルテット →p.84

ストック ●アイアンチェリー　▶p.84

ダリア ●黒蝶　→p.86

ダリア ●ミッチャン　▶p.86

チューリップ（一重）● クリスマスドリーム　p.88

チューリップ（八重）●アンジェリケ　▶p.88

デルフィニウム（エラータム系） ●クレストライトブルー　→p.90

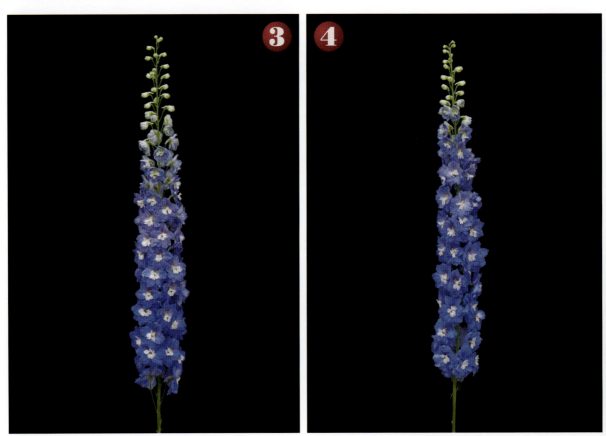

デルフィニウム（シネンシス系） ●プラチナブルー　▶p.90

トルコギキョウ（一重）●セシルブルー p.92

トルコギキョウ（フリンジ）●ボン・ボヤージュ ホワイト p.92

トルコギキョウ（八重）●レイナリラ　p.92

バラ ●パリ　　　▷p.98

バラ（カップタイプ） ●イブピアッチェ　▶p.98

①　②

バラ（剣弁タイプ）　●サムライ　　>p.98

③　④

ヒマワリ ●サンリッチオレンジ　　p.105

1

2

ユリ（LAハイブリッド）●フレミントン　→p.108

ユリ（オリエンタル）●シベリア　→p.108

ユリ（テッポウ）●ビッグタワー　　p.108

ラナンキュラス　▶p.110

リンドウ（ササ系） ●安代のさわかぜ　＞p.112

リンドウ（エゾ系）●シナノ4号　　p.112

アイリス ●ブルーマジック　→p.54

アスター ●松本スカーレット　→p.114

アジサイ　→p.55

アスチルベ ●アメリカ p.114	オンシジウム ●ハニードロップ p.115

アネモネ ●モナリザ p.115	カトレア ●アイリン フィニー "スプリング ベスト" p.116

カラー（湿地性） ●ウェディングマーチ　▶p.64

カラー（畑地性） ●キャプテンプロミス　▶p.64

カンパニュラ ●チャンピオンピンク p.65

グラジオラス ●シマローサ p.71

クルクマ ●シャローム p.72

ケイトウ ●クルメ アカジク　p.74

コスモス ●ラディアンス　p.116

コデマリ　p.75

コチョウラン（ファレノプシス）　p.117

サクラ ●啓翁桜　p.117

サンダーソニア p.118

シュッコンアスター ●ホワイトクィーン p.118

シンビジウム ●ワイアンガー p.119

スカビオサ ●ナナライトピンク p.119

ストレリチア ●レギネ　p.120

ソリダゴ ●タラ　p.120

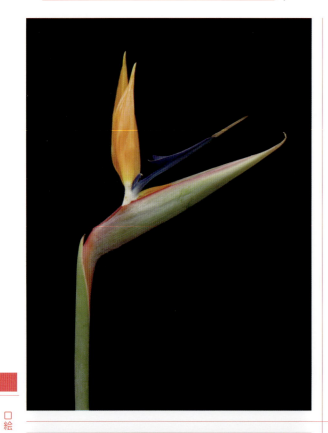

ダイアンサス ●ソネットフレーズ　p.121

デンドロビウム
ファレノプシス（デンファレ）●サクラ　p.121

ニホンスイセン　　p.96

ハイブリッドスターチス ●キノスパーク　p.97

ハナショウブ p.122　　ハナモモ p.122

パンジー p.102

ヒペリカム ●キャンディーフレアー p.104

ビブルナム（ビバーナム）●スノーボール p.103

ブバルディア ●ロイヤルダフネピンク　p.123

ブプレウルム　p.123

フリージア ●アラジン　p.106

ブルースター ●ピュアブルー　p.107

ブルーレースフラワー p.124

ホワイトレースフラワー p.124

マーガレット p.125

ユキヤナギ p.125

今なぜ日持ち保証なのか ── まえがきにかえて

日本国内において、花きの生産と消費は約20年前にピークに達した後、漸減が続いてきた。ここ数年はようやく下げ止まり傾向も見られているが、かつての勢いを取り戻すには至っていない。

各種アンケート調査により、消費者は日持ちを重視していることが示されており、1週間以上の日持ちを希望する消費者が多い。言い換えると、実際に流通している切り花の日持ちの短さが購買意欲の停滞につながっている可能性がある。そのため、日持ちのよい切り花の流通による消費の拡大が期待されている。

消費者の日持ちに対するニーズを充足させるため、切り花の日持ち日数を明示してそれを保証した販売を「日持ち保証販売」と呼ぶ。保証日数に達する前に観賞価値を失った場合には、現品と交換することで対応している。

日持ち保証販売は1993年にイギリスの大手スーパーマーケットで始められた。イギリスでは、日持ち保証販売の開始を契機として、それ以降15年間で切り花の家庭消費が約3倍に増加した。このようなイギリスの成功を受け、ドイツ、フランス、オランダ、スイスなどEU各国でも日持ち保証販売が一般的になっており、EU諸国では切り花の家庭消費が、ここ10年の間に1.5倍程度に増えている。

日本国内でも今から15年ほど前にいくつかの小売店で日持ち保証販売が行なわれた。しかし、当時は品質管理技術の開発が十分とはいえず、実際に販売された品目は限られていた。また消費者も、日持ち保証販売がどのようなものであるかを十分に認識していたとはいえない状況にあった。おそらくこのような理由により、日持ち保証販売はそれ以上の広がりを見せることもなく、定着せずに数年で姿を消した。

日持ち保証販売の状況（フラワーショップみやもと、広島市）

その後、切り花の消費が低迷していたことに加え、各種アンケート調査により日持ちのよさを求める消費者のニーズが非常に高いことが明らかにされたこともあり、日持ち保証販売再開の機運が高まってきた。このような中、5年ほど前に埼玉県内を中心に店舗展開している食料品スーパーマーケットが日持ち保証販売に取り組み始めた。日持ち保証販売は農林水産省の補助事業でも取り組まれるようになり、試験的な販売が次第に広がってきた。現在は上記のスーパーマーケットをはじめとして、国内有数の大手スーパーマーケットでも日持ち保証販売を行なっている。それに加えて、札幌市内や東京都内、あるいは広島市内のいくつかの小売店などで常時取り組んでいる。

　切り花の日持ちを保証するためには、販売を想定している切り花がどの程度の日持ちを示すかをあらかじめ試験することが不可欠である。また、流通期間を極力短くすることに加え、適切な温度管理も必要である。さらに、多くの品目では消費者用品質保持剤を用いることも欠かせない。これらのことは、日持ち保証販売を行なう際に、世界共通で不可欠な事柄である。これに加えて、日本国内の状況は欧米とは異なる点が少なくなく、それに対応した独自の要素が必要となる。もっとも大きな違いは夏季の高温である。日本の夏季は一般に欧米よりも暑い。そのため、高温に対応した品質管理技術が必要となる。また、国内の花き流通では海外に比較して品目と品種が多く、それぞれの収穫後の生理特性を明らかにし、それに基づいた品質管理技術の開発が必要となっている。

　本書では、国内で流通している主要60品目において、収穫後の生理特性と品質管理技術について紹介した。また、切り花品質管理の基礎と実際が理解できるよう、総論として収穫後生理と品質管理技術一般についても解説した。これらに加えて、本書では㈱大田花きの協力により60品目における切り前の写真も掲載した。切り前は切り花の収穫適期のことを示す専門用語である。切り前は経験的に決められてきたものであるが、品質管理技術の発達や品種の変遷あるいは切り花の用途に伴い、変わってくる場合も少なくない。例えば湿式輸送では、以前は花が傷つくことから避けられてきた満開段階での収穫と流通も可能となってきた。他方、蕾段階で収穫して、開花を促すことも可能となっている。最新の切り前写真が生産者をはじめとした花き業界関係者に有用な情報となることを願っている。

　今後、花きの需要を拡大するためには、日持ちの優れた切り花の流通が不可欠である。本書が国産花きの日持ち性を向上させるため、日持ち保証販売はもとより、生産から小売にいたるさまざまな品質管理において積極的に活用されることを期待したい。

　本書の企画と編集を担当していただいた農山漁村文化協会に厚く御礼申し上げる。また、写真撮影や産地の情報提供などで多大なご協力いただいた㈱大田花きの五十嵐恒夫室長ならびに岩田祥子氏、㈱大田花き花の生活研究所の桐生進所長、MPSジャパン㈱の松島義幸社長に御礼申し上げる。最後に本書作成にご協力いただいたすべての方々に御礼申し上げる。

　　　　　　　　　　　　　　　　　（市村一雄）

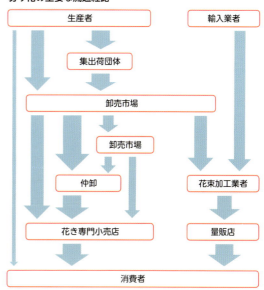

切り花の主要な流通経路

「切り花の日持ち技術」もくじ

口絵

アルストロメリア ●レベッカ ………………………… 1	アイリス ●ブルーマジック ……………………………… 36
カーネーション ●ピンクアメリ …………………… 2	アジサイ …………………………………………………… 36
カーネーション ●エクセリア ……………………… 3	アスター ●松本スカーレット …………………………… 36
ガーベラ ●アリエル ………………………………… 4	アスチルベ ●アメリカ …………………………………… 37
キク 輪ギク ●神馬 …………………………………… 5	アネモネ ●モナリザ ……………………………………… 37
キク スプレーギク ●セイパレット ……………… 6	オンシジウム ●ハニードロップ ………………………… 37
キク 小ギク …………………………………………… 7	カトレア ●アイリン フィニー "スプリング ベスト" …… 37
キク（ディスバッドタイプ）●セイオペラピンク … 8	カラー （湿地性）●ウェディングマーチ …………… 38
キンギョソウ ●アスリートイエロー ……………… 9	カラー （畑地性）●キャプテンプロミス …………… 38
キンセンカ ●オレンジスター ……………………… 10	カンパニュラ ●チャンピオンピンク ………………… 39
グロリオサ ●サザンウィンド ……………………… 11	グラジオラス ●シマローサ …………………………… 39
シャクヤク ●サラベルナール ……………………… 12	クルクマ ●シャローム ………………………………… 39
シュッコンカスミソウ ●マリーベール …………… 13	ケイトウ ●クルメ アカジク …………………………… 40
スイートピー ●ダイアナ …………………………… 14	コスモス ●ラディアンス ……………………………… 40
スターチスシヌアータ ●サンデーバイオレット … 15	コチョウラン（ファレノプシス）……………………… 40
ストック ●ピンクフラッシュカルテット ………… 16	コデマリ ………………………………………………… 40
ストック ●アイアンチェリー ……………………… 17	サクラ ●啓翁桜 ………………………………………… 40
ダリア ●黒蝶 ………………………………………… 18	サンダーソニア ………………………………………… 41
ダリア ●ミッチャン ………………………………… 19	シュッコンアスター ●ホワイトクィーン …………… 41
チューリップ（一重）●クリスマスドリーム ……… 20	シンビジウム ●ワイアンガー ………………………… 41
チューリップ（八重）●アンジェリケ ……………… 21	スカビオサ ●ナナライトピンク ……………………… 41
デルフィニウム（エラータム系）●クレストライトブルー …………………………………………………………… 22	ストレリチア ●レギネ ………………………………… 42
	ソリダゴ ●タラ ………………………………………… 42
デルフィニウム（シネンシス系）●プラチナブルー … 23	ダイアンサス ●ソネットフレーズ …………………… 42
トルコギキョウ（一重）●セシルブルー …………… 24	デンドロビウムファレノプシス（デンファレ）●サクラ … 42
トルコギキョウ（フリンジ）●ボン・ボヤージュ ホワイト …………………………………………………… 25	ニホンスイセン ………………………………………… 43
	ハイブリッドスターチス ●キノスパーク …………… 43
トルコギキョウ（八重）●レイナリラ ……………… 26	ハナショウブ …………………………………………… 44
バラ ●パリ …………………………………………… 27	ハナモモ ………………………………………………… 44
バラ（カップタイプ）●イブピアッチェ …………… 28	パンジー ………………………………………………… 45
バラ（剣弁タイプ）●サムライ ……………………… 29	ビブルナム（ビバーナム）●スノーボール ………… 45
ヒマワリ ●サンリッチオレンジ …………………… 30	ヒペリカム ●キャンディーフレアー ………………… 45
ユリ （LA ハイブリッド）●フレミントン ………… 31	ブバルディア ●ロイヤルダフネピンク ……………… 46
ユリ （オリエンタル）●シベリア …………………… 31	ブプレウルム …………………………………………… 46
ユリ （テッポウ）●ビッグタワー …………………… 32	フリージア ●アラジン ………………………………… 46
ラナンキュラス ……………………………………… 33	ブルースター ●ピュアブルー ………………………… 46
リンドウ（ササ系）●安代のさわかぜ ……………… 34	ブルーレースフラワー ………………………………… 47
リンドウ（エゾ系）●シナノ4号 …………………… 35	ホワイトレースフラワー ……………………………… 47
	マーガレット …………………………………………… 47
	ユキヤナギ ……………………………………………… 47

今なぜ日持ち保証なのか —— まえがきにかえて ……… 48

Ⅰ 品質保持ガイド

Ⅰ-①

アイリス	54
アジサイ	55
アルストロメリア	56
カーネーション	58
ガーベラ	62
カラー	64
カンパニュラ	65
キク	66
キンギョソウ	68
キンセンカ	70
グラジオラス	71
クルクマ	72
グロリオサ	73
ケイトウ	74
コデマリ	75
シャクヤク	76
シュッコンカスミソウ	78
スイートピー	80
スターチスシヌアータ	82
ストック	84
ダリア	86
チューリップ 一重／八重	88
デルフィニウム エラータム系／シネンシス系	90
トルコギキョウ 一重／フリンジ／八重	92
ニホンスイセン	96
ハイブリッドスターチス	97
バラ	98
パンジー	102
ビブルナム	103
ヒペリカム	104
ヒマワリ	105
フリージア	106
ブルースター	107
ユリ	108
ラナンキュラス	110
リンドウ	112

Ⅰ-②

アスター	114
アスチルベ	114
アネモネ	115
オンシジウム	115
カトレア	116
コスモス	116
コチョウラン	117
サクラ	117
サンダーソニア	118
シュッコンアスター	118
シンビジウム	119
スカビオサ	119
ストレリチア	120
ソリダゴ	120
ダイアンサス	121
デンドロビウムファレノプシス（デンファレ）	121
ハナショウブ	122
ハナモモ	122
ブバルディア	123
ブプレウルム	123
ブルーレースフラワー	124
ホワイトレースフラワー	124
マーガレット	125
ユキヤナギ	125

付録 日持ち試験の方法 ……… 126

III 品質保持の基礎

1. 花の寿命と切り花が観賞価値を失う原因 …… 128
   - (1) エチレン …… 128
   - (2) 切り花の水揚げの悪化に関わる原因 …… 130
   - (3) 糖質 …… 130
   - (4) 花弁の発色不良と退色 …… 132
2. 栽培と切り花の日持ち …… 132
   - (1) 栽培時の環境条件と日持ち …… 132
   - (2) 栽培方法・肥培管理と切り花の日持ち …… 133
3. 品質保持剤 …… 133
   - (1) 品質保持剤の種類と含まれる成分 …… 133
   - (2) 前処理剤 …… 133
   - (3) 輸送用品質保持剤 …… 135
   - (4) 小売用品質保持剤 …… 135
   - (5) 消費者用品質保持剤 …… 135
4. 予冷・輸送 …… 136
   - (1) 予冷 …… 136
   - (2) 保管 …… 137
   - (3) 切り花の輸送方法 …… 137
   - (4) 湿式輸送の品質保持効果 …… 137

資料
- 切り花の標準的な日持ち日数一覧 …… 138
- 市販品質保持剤一覧 …… 139
- 索引 …… 141

〈凡例〉

● 品質保持ガイドの各品目は、取扱量の多い主要花卉（Ⅰ-①）とそれ以外（Ⅰ-②）とに分け、それぞれを五十音順に並べています。具体的には前ページの目次を参照下さい。

● 解説項目は、品目ごとに
  ＊収穫後の生理特性
  ＊生産、流通、消費各段階別の日持ち・品質管理のポイントと実際技術
  ＊日持ち判定基準（日持ち終了時の目安）と品質保持期間
についてそれぞれ解説しています。

I
品質保持ガイド

アイリス

●BAとGAの前処理により開花促進できる

口絵 p.36

1 特徴と収穫後生理特性

アヤメ科の球根類。切り花に用いられるアイリスは、スペイン、ポルトガル、モロッコなどに自生する原種を中心に育種された園芸品種であり、ダッチアイリスともいわれる。年末需要が多い。輸入球根の利用率が高まり、国内産球による早生系品種から、中生で色が濃く鮮やかな'ブルーマジック'へと主要品種が変わった。主産地は新潟県、千葉県などである。

苞から花弁の色が見えると、1～2日の間に開花する。また、観賞時に花弁が十分に展開しないか、まったく開かない花が多くみられる。

2 品質管理

生産者段階 花弁展開のスピードが速いため、苞からわずかに花弁がみえた段階で収穫する。切り前が遅いと、保管中にも開花が進む。花弁展開を抑えるためには5～10℃程度の低温管理が必須であるが、保管期間が数カ月以上になると不開花率が高くなるため、保管後はできる限り早期の出荷を心がける。

ジベレリン（GA、100 mg/L）またはGAと6-ベンジルアミノプリン（BA、10 mg/L）の組み合わせによる出荷前処理により、開花率が著しく向上し、花弁の萎凋も抑制される（図❶）。効果の高い球根用前処理剤が市販されている。

流通段階 乾式での輸送が一般的で、5～10℃程度の低温管理が欠かせない。一方、乾式条件での時間が長くなるほど開花率が低下するため、速やかに水生けする。

販売時の生け水に、球根用前処理剤または後処理剤を添加することで、消費者段階での開花、日持ちがよくなる。

消費者段階 糖質と抗菌剤、BAを含む後処理剤を用いることで、開花率が向上するとともに、日持ち期間を2割程度延長できる。市販の球根用後処理剤を用いるとよい。

高温条件では日持ちの短縮が著しいため、そのような環境を避けて観賞することが必要である。

3 日持ち判定基準と品質保持期間

花弁の萎凋が全体的に見られた時点で日持ち終了とする（図❷）。

品質保持剤処理などの品質管理が適切であれば約5日間の品質保持期間を確保できる。

（豊原憲子）

❶ 前処理および後処理による不開花の改善（日持ち検定2日目）

無処理

GA＋BAによる前処理→後処理

❷

アジサイ

水揚げが難しいが、後処理により日持ちが長くなる

口絵 p.36

1 アジサイ切り花の日持ちに及ぼす後処理の効果（日持ち検定11日目）

対照　　　　後処理

1 特徴と収穫後生理特性

アジサイ科の木本。鉢物として利用されることが多いが、最近は切り花としての人気も上昇している。ヤマアジサイ、ガクアジサイ、アジサイ、ハイドランジア（西洋アジサイ）、ノリウツギ、アメリカノリノキ、カシワバアジサイなど多くの系統に分類される。観賞部位は萼片であり、装飾花と呼ばれる。近年は、夏期に開花した花を収穫せずに残し、花色がアンティーク調に変化したアジサイを秋色アジサイとして出荷することも増えている。主な産地は、北海道、群馬県、千葉県、東京都、愛媛県などであるが、輸入も増えている。

エチレンに感受性を示し、エチレン処理により萼片（装飾花）が落ちる。ただし、通常は水揚げが悪化した場合以外に、急速に萎れたり、落弁したりすることはなく、実際的にはエチレンは問題にならないとみられる。

2 品質管理

生産者段階　水揚げしにくい品目であるため、採花後はできるだけ早く水揚げする。また、余分な葉は取る。水揚げには抗菌剤を主成分とする枝もの用の前処理剤を用いることが望ましい。アジサイ切り花の品質保持に、とくに効果がある前処理剤は知られていない。水揚げが悪いため、湿式で出荷する。

流通段階　一度水を切ると水揚げが容易でないことに加えて、花が傷つきやすいため、湿式で輸送することが必要。花茎基部を切り戻し、抗菌剤を主成分とする品質保持剤を用いて水揚げする。バケットまたは水入り縦箱で輸送する。

消費者段階　必ず花茎基部を切り戻してから生ける。糖質と抗菌剤の連続処理により水揚げの悪化が抑えられ、日持ちを著しく延ばすことができる（図❶）。通常は市販の後処理剤を使用すればよい。

3 日持ち判定基準と品質保持期間

切り花全体が萎れるか、半数以上の小花の萼片（装飾花）が萎れた時点で日持ち終了とする（図❷）。

後処理剤の利用など品質管理が適切であれば、常温で10日間程度の品質保持期間を確保できる。　（渋谷健市）

2

アルストロメリア

STS剤とジベレリンを含む専用の前処理剤により日持ちが長くなる

1 特徴と収穫後の生理特性

アルストロメリア科（ユリズイセン科）に属し、地下茎に貯蔵根がつくため球根類花きとされている。原産地はチリを中心にブラジル、ペルー、アルゼンチンなどの南米各国である。原種は100種以上確認されており、チリ産の原種が園芸的にもっとも多く利用されている。冷涼な気候を好む。主としてオランダで品種の育成が行なわれている。種間交雑が困難なため、現在の営利品種の大半は胚培養により育成されてきた。花色は複色の品種が多く、芳香性を示す品種もある。

施設内で生産されており、周年出荷されている。地下茎が低温に遭遇すると花芽を形成する特性があり、地中冷却により開花調節を行なっている。初期の品種は15℃以下の低温が必要であったが、近年の品種は20℃程度であれば連続的な開花を示す。日本国内には1920年代に導入されたが普及せず、本格的に生産されるようになったのは1980年代以降である。現在、長野県の生産がもっとも多く、他に愛知県、北海道、山形県などが主産地となっている。

小花の寿命は比較的長く、23℃では小花の日持ちは10日程度である。また、品質保持剤を用いなくても、かなり小さい蕾も開花する。ただし、観賞時の気温が高いと日持ちは著しく短縮する。

エチレンに対する感受性はやや低いが、エチレン処理により花被だけでなく雄しべと雌しべの離脱も促進される。また、老化に伴いエチレン生成量が増加する。STS剤処理により花被の脱離を遅延することができる。

落弁より先に葉が黄化し、観賞価値が低下する場合がある（図）。葉の黄化はジベレリンの減少で起こることが示唆されている。

アルストロメリアの茎葉の汁液には、アレルギー物質（チューリポサイドA）が含まれているため、取り扱いには注意が必要である。

2 品質管理

生産者段階　通常は、分枝上の第1花が満開した時点で収穫するが、高温期はやや早める。また高温期は鮮度低下を避けるため、早朝に収穫する。抜き取り収穫したときは、地中にあった白色茎部を残すと吸水が劣るため、切り戻し位置は緑色部とする。

STS剤処理により花被と雄しべの離脱を遅くすることができる（図❷）。一般的には0.1mMの溶液で9時間以上の処理が適当であるとされる。

葉の黄化抑制にはジベレリン処理がもっとも効果的である。6-ベンジルアデニン（BA）などのサイトカイニン類も葉の黄化抑制に効果があるが、ジベレリンのそれには劣る。ジベレリン（GA）は10mg/Lの濃度では20時間、100mg/Lの濃度では6時間程度の処理が必要である。

アルストロメリア用の市販前処理剤にはSTS剤とジベレリンが含まれており、一般的にはそれを使用すればよい。濃度と処理時間は説明書に従えばよい。

流通段階　段ボール箱に横置きした乾式で出荷される場合が多いが、湿式で出荷する割合が増えている（図❸）。高温では鮮度低下が著しいため、10℃程度の低温輸送が不可欠である。

❶ アルストロメリア切り花の葉の黄化

2 アルストロメリア切り花の日持ちに及ぼす前処理の効果（日持ち検定18日目）

湿式で輸送されたアルストロメリア切り花

対照　　　前処理

水揚げはよく、切り戻せばよい。

消費者段階　糖質と抗菌剤の連続処理により蕾の開花が促進される。開花した花も大きくなり、日持ちもやや延びる（図❹）。通常は市販の後処理剤を使用すればよい。前処理剤が適切に処理された切り花では、後処理により日持ちはさらに長くなる。

　高温条件では日持ちの短縮が著しいため、観賞環境は20℃程度の涼温が望ましい。

3 日持ち判定基準と品質保持期間

　花被、雄しべおよび雌しべの脱離と葉の黄化により観賞価値を失う。1次小花と2次小花の総数の半数以上が落花するか、葉が著しく黄変した時点で日持ち終了とする（図❺）。

　品質保持剤の処理など品質管理が適切であれば、常温で2週間程度、高温でも1週間以上の品質保持期間を確保できる。

（市村一雄）

4 アルストロメリア切り花の日持ちに及ぼす後処理の効果（日持ち検定13日目）

対照　　　後処理

5

カーネーション

エチレンに対する感受性が高く、日持ち延長にはSTS剤の前処理が必須である

特徴と収穫後の生理特性

ナデシコ科の多年草で原産地は南ヨーロッパ。1本の花茎に花が一つのスタンダードタイプと多数の小花がついているスプレータイプに大別される。花色は赤、ピンク、白、黄などさまざまである。また、品種間差はあるものの、芳香性のある花きである。施設内で生産されている（図❶）。

長野県、北海道などの寒冷地では主に夏秋期に出荷しており、暖地では冬春期に出荷している。このように暖地と寒冷地で生産時期を変えることで、周年供給を可能としている。もっとも主要な品目の一つであり、国内の生産額はキク、ユリ、バラに次いで4位となっている。現在の主要産地は長野県、愛知県、北海道などである。コロンビアや中国などからの輸入切り花の割合が年々増えており、現在は50％を超えている。

エチレンに対する感受性が非常に高く、エチレンにより花弁の萎れが引き起こされる（図❷）。主要な切り花ではカーネーションほどエチレンに弱い品目はなく、空気中のエチレン濃度が0.2ppmを超えると10時間も経たないうちに「インローリング」と呼ばれる花弁が内側に巻く症状が現われ、その後萎れる。いわゆる「眠り症」は、エチレンにより花弁が萎れ、開花が阻害されてしまったことにより起こる現象である。

収穫時点でのエチレン生成量はわずかであるが、時間の経過とともに急増し、それに伴い花弁の萎れが引き起こされる。エチレンは主として花弁と雌しべから生成される（図❸）。

カーネーションの花の老化はエチレンに制御されており、エチレン阻害剤を処理することで老化を遅らせることが可能である。エチレン阻害剤にはチオ硫酸銀錯体（STS）、アミノイソ酪酸（AIB）、アミノオキシ酢酸（AOA）、アミノエトキシビニルグリシン（AVG）、1,1-ジフェニル-4-フェニルスルホニルセミカルバジド（DPSS）、エチオニン、1-メチルシクロプロペン（1-MCP）などがある。このうち、STSがもっとも有効である。

ジベレリンや合成サイトカイニンである6-ベンジルアミノプリン（BA）を処理しても老化を遅らせることが可能である。しかし、これらはエチレン阻害剤ほどの品質保持効果はないとされている。

ラン類など、多くのエチレンに感受性の高い切り花では受粉により老化が急激に進行する。カーネーション切り花でも受粉すると老化が促進される。しかし、雄しべが退化している品種が多く、自然に受粉することはほとんど起こらない。そのため、実際的には大きな問題になっていない。

エチレンに対する感受性は温度の上昇とともに高まる。しかし、30℃以上になると、感受性はむしろ低下する。また、高温条件ではエチレン生成も抑制される。

カーネーション切り花の日持ちには著しい品種間差がある。'インドラ'や'カトリーナ'などはSTSを適切に処理しても日持ちが短く、日持ち保証が容

❶ カーネーションの生産圃場（高松市香花園）

易でない品種とみなされる。それに対して、'こまち'、'ライトピンクキャンドル'や農研機構が育成した'ミラクルルージュ'や'ミラクルシンフォニー'は、STS剤処理をしなくてもSTS剤を処理した一般的な品種と同等以上の日持ちを示す。これら日持ちの長い品種では、一般的な品種とは異なり、老化に伴いエチレン生成がほとんど上昇しない。しかし、これらの品種のエチレンに対する感受性は通常の品種と同等であり、STS剤処理を行なうことが必要となっている。

エチレンに対する感受性には品種間差があり、通常の品種よりもやや低い品種も育成されている。'シネラ'は通常の品種よりもエチレンに対する感受性がやや低く、日持ちもやや長い。また、選抜と交雑によりエチレンに対する感受性がさらに低下した系統を育成することも可能である。しかし、著者が知る限りSTS剤処理が完全に不要となるようなエチレンに感受性が低い実用的な品種は育成されていない。

カーネーション切り花を生けた水は濁りやすいが、細菌に対しては比較的強い。生け水中の細菌濃度が10^8 cfu/mL未満では日持ちに悪影響を及ぼさない。

2 品質管理

生産者段階 栽培環境と日持ちとの関係はよくわかっていない。スタンダード系では外側の花弁が水平になる前の段階が、スプレー系では半数程度の小花が上記の段階に達した時点が標準的な切り前である。

収穫後、冷蔵庫内で水揚げをかねて速やかにSTS剤で処理することが必要である。切り花新鮮重100gあたり2μmolの銀が吸収されるように処理時間と濃度を設定すればよい。切り花長が60cm程

2 カーネーションの老化に及ぼすエチレンの影響

対照　　　　エチレン

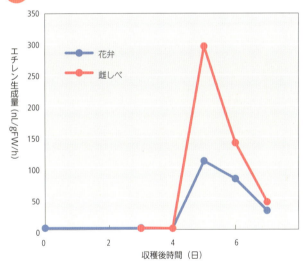

3 老化に伴う花弁と雌しべのエチレン生成量の変動

度の切り花では、STS処理は0.2 mMの濃度で12時間処理が適当とされる。通常は市販の前処理剤を所定の濃度で使用すればよい。

STS剤処理の時間が長すぎたり、処理濃度が濃すぎたりすると薬害が発生する。低濃度で処理時間が長すぎたときには、茎折れが発生する。濃度が濃すぎたとき

4 カーネーションの日持ちに及ぼすSTS剤処理の効果（日持ち検定20日目）

には、処理直後に葉や花弁にクロロシスを生じる。低濃度の溶液（0.1 mM程度）で処理する場合は箱詰めするまで冷蔵庫内で処理を続ければよいが、高濃度の溶液（0.5 mM程度）で短時間処理する場合は、処理終了後、水道水に移し、箱詰めするまで冷蔵する。

　STS剤が適切に処理された切り花であれば、低温・乾式輸送でとくに問題はない。生産者の段階でSTS剤を適切に処理することがカーネーション切り花の日持ち延長にもっとも重要である。STS剤の処理によりカーネーションはエチレンに対する感受性をほとんど消失し、日持ちは1.5～2倍程度長くなる（図4）。生産者段階でSTS剤が適切に処理されないと、それ以外をいかに適切に管理しても日持ちの長いカーネーションを流通させることは困難である。

　STS剤はメーカーの説明書に従い適切に処理する（図5）。STS剤が適切に処理されているかどうかは、花の老化の状態を観察することで比較的容易に判定できる。STS剤が処理された切り花は花弁の乾燥によって観賞価値を失うが、処理されていない切り花は花弁が内側に巻いてくる規則的な老化症状を示す（図6）。

　STS剤以外のエチレン阻害剤として、現在1-MCPを主成分とする前処理剤が市販されている。また、AIB、AOA、DPSSおよびエチオニンを主成分とする前処理剤が市販されていた。これらを前処理することにより、カーネーション切り花の日持ちを延ばすことができるが、STS剤ほどの効果は得られない。また、STS剤よりも高価ということもあり、現在ではほとんど使用されてない。

　スプレータイプの品種ではSTS剤にスクロースなどの糖質を加えた前処理により開花が促進され、STS剤の単独処理よりも品質保持効果が高い。一部の生産者はSTS剤を短期間処理した後、糖質と抗菌剤を主成分とする品質保持剤で処理している。

カーネーションは「母の日」が特需期

5 高濃度のSTS剤（2 mM）で処理した茎葉に発生した薬害

6 STS剤を処理していない花と処理した花の老化形態

であり、この時期に集中的に出荷することが望まれている。特需期に対応するため、蕾段階で収穫した切り花の出荷を可能とする技術も開発されている。

具体的には、花弁が萼から見え始めた段階で収穫し、ポリエチレンフィルムで一重に被覆した後、1℃で乾式貯蔵を行なう。この方法により、4週間以上の貯蔵が可能である。貯蔵後、開花液で処理する前に1mM STS剤の処理を常温で2時間行なった後、200mg/L 8-ヒドロキシキノリン硫酸塩（8-HQS）と25mg/L硝酸銀を含むスクロース溶液から構成される開花液を用いて開花を促す。スクロース濃度が高いほど発色が促進され、花も大きくなり、日持ちも向上する。開花液のスクロース濃度は3％が適当である。開花に適当な温度は20～25℃である。花弁を十分に発色させるためには照明が必要である。種本来の花色に近づけるための最適の光強度は品種により異なる。

流通段階　乾式で輸送されることが一般的である。輸送温度が低温であれば、大きな問題はない。

水揚げはよく、切り戻すだけでよい。

消費者段階　スプレーカーネーションでは、糖質と抗菌剤を連続処理することで蕾の開花が促進され、日持ち延長に効果がある。しかし、スタンダードカーネーションでは、常温条件では日持ちをさほど延ばすことはできない。

一方、夏期など観賞環境が高温の場合は、STS剤が適切に処理されていても、十分な品質保持期間を確保することができない。スタンダード系、スプレー系のいずれにおいても、糖質と抗菌剤の連続処理により日持ちを著しく延ばすことができる。とくにスプレータイプの品種において品質保持効果が高い（図❼）。通常は市販の後処理剤を使用すればよい。

❼ **高温で保持したカーネーションの日持ちに及ぼす後処理の効果（日持ち検定7日目）**

❸
日持ち判定基準と品質保持期間

花の萎れにより観賞価値を失う。STS剤を処理していない切り花では、花弁はインローリングを起こすが、STS剤を処理した切り花では、花弁の周辺部から徐々に褐変する。スプレータイプの品種では半数以上の小花が萎れ・褐変するか、茎折れが発生した時点で日持ち終了とする（図❽）。

適切に処理された切り花では、常温で2週間程度、高温でも1週間以上の品質保持期間が得られる。　　　（市村一雄）

❽

ガーベラ

●抗菌剤の後処理で日持ちが長くなる

口絵 p.4

1 特徴と収穫後の生理特性

キク科の宿根草で原産地は南アフリカ。通常、温室で春に定植され、2年間にわたり周年出荷される。花色が豊富で、花径が10cm以上ある大輪品種もある。主産県は静岡県、和歌山県、福岡県などである。

日持ちが短い品目とみなされることが多いが、収穫後の品質管理が適正であれば、本来は短い品目ではない。

エチレンに対する感受性は低く、STS剤の日持ち延長効果は期待できない。一方で、細菌に対する感受性が高い。とくに夏期は生けた水に細菌が繁殖し、水が白く濁り、ひどい場合には悪臭を放つ。こうした状態になると、水に浸かっている部分もしくはその直上部の花茎が腐り、腐った部分もしくは花下10cm程度の部分の花茎が折れ曲がる。生けた水の状態の悪化は、抗菌剤を加えることにより抑えることができる。

観賞価値を失う症状は、花茎に発生するものと花弁に発生するものに大別され、花茎に発生する場合、日持ちが極端に短くなることが多い。

花茎が折れ曲がる場合、花首直下、花首下2cm程度、10cm程度、水浸部もしくはその直上部のいずれかに発生する場合が多く、発生する部位により原因もある程度特定される。花首直下で発生する場合は、日持ちはあまり短くならない。花首下2cm程度で発生する場合は病気が原因であることが多い。花茎下10cm程度で発生する場合は、その部位の萎れが原因であることが多い。水浸部もしくはその直上部で発生する場合は、花茎の腐りが原因である。花首直下以外の部位で発生する場合、日持ちが極端に短く、観賞上の大きな課題となっている。

花弁に発生する場合、花弁が脱落する、萎れる、退色する、反り返る等の症状が発生する。

2 品質管理

生産者段階 ガーベラはハサミを使用せず、花茎を引き抜くように収穫する（図❶）。蕾の状態で収穫すると、生けた後に花茎が伸びて折れやすく、花径も大きくならないため、完全に開花した状態で収穫・出荷される。収穫後は輸送まで低温で管理する必要がある。

収穫後の取り扱いは、花茎基部を切り戻す、残す（図❷）、水揚げを行なう、あるいは行なわないなど、産地によって異なっている。

花茎基部を切り戻した後、水に生けると細菌の増殖が促進される。切り戻した場合は、抗菌剤に生けることが不可欠となる。一方、花茎基部を取り除かずに水に生けると細菌の増殖は抑えられるが、吸水量は減少する。そこで吸水を促進するために、前処理として界面活性剤を使用することがある。界面活性剤の効果は、花茎を切り戻す場合では少なく、実用性はない。花茎基部を残す場合も前処理

❶ ガーベラの収穫方法

❷ ガーベラの花茎基部と切り口

を行なうのであれば、抗菌剤を併用する。
　ガーベラ切り花にジベレリンを添加すると管状花の開花が抑制され、花の寿命は長くなる。しかし、花茎の伸長が促進され、切り花としては日持ちが短くなる。この対策として、塩化カルシウムを添加することで花茎の伸長が抑制され、切り花としての日持ちも長くなる。なお、処理濃度が濃いと花茎を傷めるため、現在では10mg/Lジベレリンに0.75％塩化カルシウムを組み合わせた処理を提案している。
　収穫後の管理が適正であれば、花茎の状態、水揚げの有無、界面活性剤の使用の有無によって日持ちに大きな差が生じることはない。

流通段階　ガーベラの切り花は乾式で輸送されることが多い。高温期に乾式輸送を行なう場合、抗菌剤の前処理だけでは十分ではない。そのため、乾式輸送では、花茎基部を残して出荷する。ガーベラは、横置きでは花茎が上方向に成長し曲がりやすくなるため、縦置きで輸送することが一般的になっている。

　湿式輸送では、輸送中も抗菌剤を使用する。乾式輸送であっても湿式輸送であっても日持ちはほとんど変わらない。

消費者段階　ガーベラを生けた水は細菌が繁殖しやすく、花茎が腐りやすい。このため抗菌剤の後処理を行なう（図❸）。抗菌剤に加え糖質を添加することで日持

水　　　　　　　　抗菌剤

❸　ガーベラ'ピクチャーパーフェクト'切り花に発生した茎折れと抗菌剤処理による防止（日持ち検定9日目）

ちはさらに向上する。後処理を行なわない場合は、生ける水を浅くし、水面から5cm以上、上の部位で切り戻し、水を交換することを繰り返す。

3　日持ち判定基準と品質保持期間

　花茎の折れ曲がり、花弁の萎凋あるいは退色により観賞価値を失う（図❹）。花弁の萎凋が起こりにくい品種では退色により観賞価値を失うことがある。また花弁の萎縮が起こりにくい品種では、花弁が退色することがある。
　品質管理が適切であれば、常温では1週間以上、高温でも5日間程度の日持ち期間が確保できる。
　　　　　　　　　　　　　（外岡　慎）

花首直下の折れ　　　　　　　　風車状に萎れた花

カラー

口絵 p.38

● 湿地性カラーでは、BAの浸漬または噴霧処理により日持ちが長くなる

1 特徴と収穫後の生理特性

サトイモ科の球根類で原生地は南アフリカ。湿地を好む湿地性と、過湿を嫌う畑地性に大別される。独特な漏斗状の仏炎苞が花として観賞されるが、実際の花は仏炎苞の中心にある棒状の肉穂花序である。湿地性の花色は白色が主流で、一部に緑色、ピンク色のものもある。一方、畑地性は、白色、赤色、黄色、紫色などさまざまな花色がある。現在の主産地は千葉県、愛知県、熊本県などである。

エチレンに対する感受性は低い。湿地性、畑地性ともに、高温時には、まれに細菌によって花茎がとろけるように腐敗する場合がある。

2 品質管理

生産者段階 6〜7分咲きで収穫するが、高温時は花が開きやすいため、やや硬めの5分咲き程度で収穫する。

湿地性では、6-ベンジルアミノプリン（BA）溶液への浸漬処理または噴霧処理で日持ちが長くなる（図❶）。100〜200mg/Lの濃度で安定的な効果を示すが、低温期には効果が現われにくい場合がある。噴霧処理の場合は、仏炎苞全体に処理液がかかるようにする。切り口から吸水させる処理方法では効果が得られない。

畑地性カラーは日持ちが比較的長いが、高温時は腐敗しやすいため、抗菌剤を前処理することが望ましい。

切り戻しすれば水揚げについては問題ない。

流通段階 乾式による輸送で問題はない。高温時には花が開きやすく、日持ちも短縮するため、5〜10℃程度の低温で輸送することが望ましい。

消費者段階 糖質と抗菌剤を連続処理しても日持ちはむしろ短縮することが多い。したがって、後処理の必要性はないが、高温時には腐敗防止のため、抗菌剤の処理が有効であると推定される。

3 日持ち判定基準と品質保持期間

湿地性では、仏炎苞のシワ、萎凋、褐変が顕著になった時点で、畑地性では、仏炎苞の変色や変形が顕著になった時点で日持ち終了とする（図❷）。BAを処理した場合は、仏炎苞の緑化や肉穂花序の黒変も考慮する。

品質管理が適切であれば、湿地性、畑地性ともに常温で約5日間の品質保持期間を確保できる。

（海老原克介）

❶ 湿地性カラーの日持ちに及ぼすBA散布処理の効果（日持ち検定6日目）

対照　　BA処理

❷

カンパニュラ

日持ちは比較的長く、後処理によりさらに長くなる

口絵 p.39

1 カンパニュラ切り花の日持ちに及ぼす後処理の効果（日持ち検定14日目）

1 特徴と収穫後の生理特性

キキョウ科の二年草。原産地は南ヨーロッパである。カンパニュラには多数の園芸種がある。切り花としてもっとも利用されているのはカンパニュラ・メジウムであるため、本種について記載する。施設内で生産されており、冬春期に出荷されている。主産地は岩手県、神奈川県、静岡県、福岡県などである。

カンパニュラは日持ちがかなり長い品目であるが、エチレンに対する感受性は比較的高く、2ppmのエチレン処理により48時間後に花弁は萎凋する。ただ、受粉しないとエチレン生成量は増加せず、STS剤を処理しても日持ちはほとんど延長しない。しかし、受粉するとエチレン生成が上昇し、日持ちが著しく短縮するが、STS剤の前処理により受粉の悪影響を避けることができる。

カンパニュラは加齢に伴い、雄しべが成長し、自然に受粉が起こる。これにより花の老化が誘導される特徴がある。

2 品質管理

生産者段階 通常は3〜4輪の小花が開花した時点で収穫する。涼しい時間帯に収穫し、冷暗所で水揚げする。

カンパニュラは加齢によりエチレン生成が上昇せず、STS剤を処理しても日持ちはほとんど影響されない。ただし、STS剤処理はエチレンの悪影響を防ぐ効果がある。このため、予防的な意味合いでSTS剤を処理することが望まれる。

流通段階 水揚げが比較的よい品目である。しかし、乾式で輸送すると花が傷つきやすいため、湿式縦箱で輸送することが望ましい。

消費者段階 多数の蕾がついており、切り花の品質保持には糖質と抗菌剤を用いた連続処理の効果が高い（図❶）。水に生けただけでもかなりの日持ちを示すが、糖質と抗菌剤を連続処理することで蕾の開花と水揚げが促進され、日持ちを相当延ばすことができる。とくに高温条件では効果が高い。通常は市販の後処理剤を使用すればよい。

3 日持ち判定基準と品質保持期間

半数以上の小花が萎れた時点で日持ち終了とする（図❷）。

品質保持処理などの品質管理が適切であれば常温で2週間程度、高温で1週間程度の品質保持期間が得られる。

（市村一雄）

2

キク

- 葉がエチレンに対する感受性の高い品種が存在する。
- 後処理により観賞価値が向上する

口絵 p.5

1 特徴と収穫後の生理特性

キク科の宿根草。国内でもっとも生産が多く、切り花全体の30％以上を占める。輪ギク、スプレーギクおよび小ギクに大別される。他にディスバッドマムあるいは洋マムなどとも呼ばれ、主としてスプレーギクを一輪に調整した系統もある。

出荷量がもっとも多いのは輪ギクで、全体の55％を占める。次いで小ギク、スプレーギクの順となっている。生産は愛知県がもっとも多く、生産額の30％強を占めている。以下、沖縄県、福岡県、鹿児島県の順となっている。スプレーギクはマレーシアからの輸入が多く、キク全体での輸入割合は17％に達している。輪ギクとスプレーギクは施設内で生産されるのが一般的であるが、小ギクは露地で生産されることが多い。

キクはどのタイプでも、花そのものはエチレンが問題とならない。しかし、エチレン濃度が高い環境では葉の黄化が引き起こされることがある（図1）。これには品種間差があり、輪ギクでは、現在の主要品種'神馬'はエチレンに感受性が低く、1ppmのエチレンを2週間処理し続けても葉は黄化しない。一方、'精興の誠'やかつての主要品種である'秀芳の力'はエチレンにやや感受性が高く、葉が黄化しやすい。ただし、黄化するまでの時間は、10ppm以上のエチレンで連続処理しても5日程度、あるいはそれ以上かかる。キクの葉のエチレンに対する感受性は、葉が黄化しやすい品種であってもカーネーションやスイートピーなどの花に比べ、さほど高いわけではない。

キクは一般に水揚げがよいと評されることが多いが、むしろ水揚げが問題になる品目と考えたほうがよい。水揚げが悪化する主な原因は、茎の切断面を保護する物質によって引き起こされる導管閉塞と考えられている。ただし、抗菌剤を含む水に生けると日持ち延長に効果があることから、細菌の増殖が関与している可能性も考えられる。

2 品質管理

生産者段階 高温・多湿・寡日照の栽培条件下では、1）茎の維管束部の発達が悪化し、導管数が減少する、2）気孔の開閉機能が低下し、蒸散が異常となる、3）葉が黄化しやすくなる、などにより日持ちが著しく短縮する。これらのことから、高温・多湿条件を避けて栽培する必要がある。

輪ギクはかなり若い蕾の段階で収穫することが多い。また、小ギクも蕾が開花していない段階で収穫されることがある。キクの茎葉には相当量の糖質が含まれているが、開花には不十分であり、十分に開花せず、日持ちが終了してしまうことが多い。

前処理剤は使用されずに出荷される場合が多い。糖質を主成分とした生産者用

無処理　　　エチレン処理

1 エチレンがスプレーギク'カントリー'の葉の黄化に及ぼす影響
（10ppmのエチレンを3日間処理したときの状態）

前処理剤で12時間程度処理すると、日持ち延長の効果はほとんどないが、花が大きくなる。日持ちが短い品種には、イソチアゾリノン系抗菌剤か、あるいは硝酸銀などの短期間処理が日持ち延長に効果がある。

キク切り花にSTS剤を処理しても、花そのものの日持ちが延びる効果はあまり期待できない。ただし、STS剤は抗菌作用がある銀が主成分なので、前処理することで水揚げが促進され、日持ちを多少延長できる。

高温時には葉が黄化しやすいことが問題とされている。葉の黄化防止にはSTS剤の前処理が効果的である。STS剤の濃度は0.2mM、処理時間は5時間を基本とする。ただし、処理時間が長いと葉に薬害が生じやすいため、注意が必要である。

流通段階 乾式輸送が一般的であるが、湿式で輸送されることもある。とくに、ディスバッドタイプやフルブルームマムは花が傷つきやすいため、湿式縦箱で輸送されている。乾式では10℃程度の低温で輸送することが必要である。また、低温で保管していない切り花は、低温輸送に先立ち、5〜10℃程度で予冷することが望まれる。ただし、低温で輸送できない場合は予冷を行なっても意味がない。

萎れたキクを回復させるには、下葉を取り除いた後、35〜38℃程度の湯を用いて水揚げする。

消費者段階 単なる水に生けると葉が萎れる場合がある。たいていの場合は、水換えと切り戻しにより、回復させることができる。

キク切り花の日持ちは一般に長いが、糖質と抗菌剤の連続処理で日持ちをさらに延ばすことができる。輪ギクでは、糖質と抗菌剤の処理により花弁の成長が促され、フルブルームマムのような花形にすることができる（図❷）。また、スプレーギクや小ギクなどでは蕾の開花が促進され、日持ちも長くなる。夏期のような高温期の観賞でも、糖質と抗菌剤を処理しておけば日持ちの延長が可能である。通常は市販の後処理剤を使用すればよい。

❷ 輪ギク'神馬'の開花に及ぼす後処理の効果（日持ち検定22日目）

水　　　　　　後処理

3
日持ち判定基準と品質保持期間

舌状花弁が萎れるか、葉が萎れるか著しく黄変した時点で日持ち終了とする（図❸）。スプレーギクと小ギクでは、半数以上の小花の舌状花弁が萎れた時点で日持ち終了とする。

品質管理が適切であれば、常温では2週間以上、高温では10日間以上の品質保持期間を確保できる。　　（市村一雄）

❸

キンギョソウ

口絵 p.9

● STS剤の前処理と後処理を組み合わせると日持ちが長くなる

I 特徴と収穫後の生理特性

オオバコ科の宿根草であるが、園芸的には一年草として扱われている。原産地は南ヨーロッパや北アフリカの地中海沿岸地域である。名前のとおり金魚のような形状をした型の花（普通咲き）とペンステモン型の花（ペンステモン咲き）がある。一重咲きの品種が大半であるが、八重咲きの品種もある。花色は豊富である。また、芳香性があり、とくに紫色の品種は香りがよいものが多い。施設内で生産され、主として冬春期に出荷されている。現在、千葉県の生産がもっとも多く、静岡県や埼玉県も主産地となっている。

エチレンに対する感受性は比較的高い。多少の品種間差はあるが、1ppmを超えるようなエチレン濃度が高い環境下に置くと、2日目あるいは3日目には落弁が起こる（図❶）。若い蕾はすでに開花した花に比較すると、エチレンに対する感受性は低い。

カーネーションやスイートピーなどエチレンに対する感受性が高い切り花品目と異なり、受粉しない場合には老化する過程でエチレン生成がほとんど上昇しない。また、STS剤の品質保持効果は限定的である。

受粉によりエチレン生成が上昇し、落花が促進される場合が多い。しかし、'アスリートイエロー'のように落花が促進されない品種もある。落花が促進されない品種は、受粉してもエチレン生成が上昇しないという特徴がある。

収穫後に水揚げすることは容易である。しかし、水道水に生けると5日も経たないうちに花茎が折れてしまうことがある。花茎が細いほど折れやすい。生け水に抗菌剤を含めると、花茎の折れを抑えることができるため、細菌に対する感受性が高い品目とみなされる（図❷）。

切り花を横に置くと、茎が上方に屈曲する。この現象にはエチレンとカルシウムイオンが関与していることが示唆されており、エチレン阻害剤処理など、これを防ぐ処方もいくつか報告されている。しかし、実用的な技術は確立されていない。

❶ エチレンがキンギョソウ切り花の落弁に及ぼす影響
（10μL/Lのエチレンを2日間処理したときの状態）

❷ キンギョソウ切り花の日持ちに及ぼす抗菌剤の効果
（日持ち検定6日目）

2 品質管理

生産者段階 春以降の比較的高温の条件下で栽培した切り花は、茎が腐敗しやすく、品質保持剤で処理しても日持ちを十分に延長させることは困難である。また、エチレンに対する感受性も高くなり、落花しやすくなる。

受粉により落花が促進されるため、防虫ネットを張り、訪花昆虫を防ぐことが望まれる。

通常、小花が4～6輪開花した時点で収穫するのが標準である。春・秋の気温が高い時期はやや早めとする。

負の屈地性が強いため、収穫した切り花は垂直に立てるようにする。

エチレンに対する感受性は比較的高く、STS剤などのエチレン阻害剤が日持ち延長にある程度効果がある。STS剤処理は0.1mMの濃度の溶液に3～8時間の浸漬処理が基準となる。STS剤処理時に5～10％程度のスクロースを組み合わせると、蕾の開花が促進される。

流通段階 乾式輸送では茎が上方に屈曲してくるため、縦箱による湿式輸送が望ましい。高温では鮮度の低下が著しいため、5～10℃程度の低温で流通させることが必要である。水揚げは比較的よく、切り戻せばよい。

STS剤と糖質の前処理と輸送中の糖質と抗菌剤処理により日持ちを1.5倍程度延ばすことができる。

消費者段階 糖質と抗菌剤の連続処理により、すでに開花している花の日持ちが延びることに加えて、蕾の開花が促進される。また、開花した花の発色も促進される。キンギョソウの花色素は、赤やピンクの花弁ではアントシアニン、黄色い花弁ではオーロンという物質であるが、いずれも糖質処理により増加し、発色が

❸ キンギョソウの切り花の日持ちに及ぼす後処理の効果（日持ち検定8日目）

促進される。このようなことから、日持ちを1.5倍～2倍程度長くすることができる（図❸）。糖質の濃度は3％が適当である。通常は市販の後処理剤を基準の濃度で使用すればよい。

3 日持ち判定基準と品質保持期間

正常に開花している小花数が最初に開花していた小花の半数以下となるか、花茎が折れた時点で日持ち終了とする（図❹）。

適切に処理された切り花では、常温で10日間程度、高温では7日程度の品質保持期間を確保できる。　（市村一雄）

キンセンカ

口絵 ▷ p.10

● 日持ちは比較的短いが、後処理によりやや長くなる

❶ エチレンがキンセンカ切り花の落弁に及ぼす影響（10ppmのエチレンを3日間処理したときの状態）

❷ キンセンカの切り花の日持ちに及ぼす後処理の効果（日持ち検定12日目）

1 特徴と収穫後の生理特性

南ヨーロッパ原産でキク科の一年草。学名であるカレンジュラと呼ばれることもある。主に仏花として利用される。耐寒性が強く、暖地において露地で生産されることが多い。出荷期は冬から早春である。主産地は千葉県であり、兵庫県や大分県でも生産されている。

1本の花茎で開花している花は1輪のみであり、最初の花が萎れた後、次の花が開花する。水揚げはよい。

エチレンに対する感受性は認められ、10ppmのエチレンで3日間処理すると、舌状花弁の萎れが引き起こされる（図❶）。

2 品質管理

生産者段階 第1花の舌状花弁が完全に着色した蕾の段階で収穫する。品質保持に有効な前処理剤は開発されておらず、前処理されずに出荷されることが一般的である。

流通段階 通常は乾式で輸送される。5〜10℃程度の低温であれば乾式輸送で大きな問題はない。

消費者段階 水に生けると第1花しか開花しない。糖質と抗菌剤の連続処理は第1花の日持ちを長くする効果はほとんどないが、花を大きくすることができる。また、第2花と第3花の開花が促進される。通常は市販の後処理剤を利用すればよい（図❷）。

高温では日持ちが極端に短くなるため、注意が必要である。

3 日持ち判定基準と品質保持期間

最初に開花した花の舌状花弁が萎れた時点で日持ち終了とする（図❸）。

品質管理が適切であれば、常温で5日間程度の品質保持期間を確保できる。後処理を行なうと第2花も開花するが、それの日持ちも考慮すると、品質保持期間はさらに長くなる。

（市村一雄）

❸

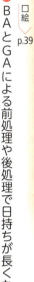

グラジオラス

● BAとGAによる前処理や後処理で日持ちが長くなる

口絵 p.39

対照（乾式冷蔵保管22時間＋常温輸送8時間）

前処理（前処理22時間＋冷蔵輸送8時間）

図❶ スクロース（10％）と球根用前処理剤を組み合わせた前処理が、グラジオラス切り花の日持ちに及ぼす効果（日持ち検定5日目）

1 特徴と収穫後の生理特性

アヤメ科の球根類。現在の園芸品種は南アフリカおよび熱帯アフリカの限られた原種をもとに交配、育成されたものである。業務用装飾花としての需要が多い。茨城県、長野県、鹿児島県などが主産地となっている。

小花の日持ちは2～3日と短く、上位が開花する頃には下位の花は萎れる。

収穫後も花茎が伸長し、輸送中の花茎先端の曲がりが問題となる。また、茎のやわらかい品種では、観賞性のある状態で花茎が突然折れることがあり、観賞期間が短くなる原因となっている。

2 品質管理

生産者段階 開花の進行が速いため、気温の低い早朝に、一番下の蕾の発色が観察された段階で収穫する。

収穫後も開花が進むため、冷蔵庫で保管する。積極的に吸水させると、輸送中に箱の中で茎が伸長して曲がりやすくなることから、水分管理に細心の注意をするとともに、できる限り早く出荷する。

スクロース10％、6-ベンジルアミノプリン（BA）25mg/Lおよびジベレリン（GA）100mg/Lを組み合わせた出荷前処理により、上位蕾の開花が促進されるとともに、茎折れが抑制される。市販の球根用前処理剤を用いても同様の効果が得られる（図❶）。

流通段階 乾式、5～10℃程度の低温条件での輸送が必須である。常温での輸送は、花茎が伸長して花茎先端の曲がりが発生するほか、開花が進み、花弁に物理的な傷みが生じやすい。

輸送時間はできるだけ短いことが好ましく、到着後は速やかに開封し、バケツにまっすぐに立てて水生けし、保管する。

消費者段階 糖質、抗菌剤、BAを含む後処理剤を用いることで、小花が上位まで大きく開花する。また、茎折れの発生を抑制できる。市販されている球根用の後処理剤を用いるとよい。通常の品質保持剤でもかなりの品質保持効果を示す。とくに高温では効果が高い。

3 日持ち判定基準と品質保持期間

小花の3分の2以上が枯れあがった時点または花茎が折れた時点で日持ち終了とする（図❷）。

品質管理が適切であれば、常温で1週間以上、高温で5日間以上の品質保持期間を確保できる。

（豊原憲子）

図❷

クルクマ

口絵 p.39

● 乾式輸送する場合は、界面活性剤の前処理で日持ちが向上する

1 特徴と収穫後の生理特性

ショウガ科の球根類。クルクマ属は熱帯アジアを中心に約50種が分布している。花に見える部分は、葉が変化した「苞葉」である。現在の主産地は静岡県、福岡県などである。

基本的に日持ちが長い切り花であるが、吸水不良により極端に日持ちが短縮することがある。吸水不良を起こした切り花では、上位苞葉の一部が乾燥し変色する。症状がひどい場合は、上位苞葉全体がカサカサに乾燥し、水に生けた後、数日で日持ちが終了する。

2 品質管理

生産者段階 収穫後、速やかに水揚げを行なう。いったん水が下がると吸水しにくいため、収穫から調整、出荷まで水を切らさないように注意する。

界面活性剤を含んだ前処理剤で1日程度処理することにより水揚げが促進され、品質保持効果を示す（図❶）。

流通段階 湿式輸送が望ましい。乾式で輸送する場合は界面活性剤の前処理が必要である。

❷ 低温による上位苞葉の萎凋

熱帯原産であるため、低温にさらされると障害が発生しやすいため（図❷）、常温で輸送する。

消費者段階 抗菌剤の連続処理で日持ちが長くなる。しかし、糖質と抗菌剤を連続処理するとむしろ日持ちが短くなる。市販の後処理剤は使用しないほうがよい。

3 日持ち判定基準と品質保持期間

苞葉が半分以上褐変する、あるいは花茎が著しく曲がった時点で日持ち終了とする（図❸）。

品質管理が適切であれば、常温で2週間以上の品質保持期間を確保できる。

（名越勇樹）

❶ クルクマの日持ちに及ぼす界面活性剤前処理の影響

右から無処理・乾式輸送、処理・乾式輸送、無処理・湿式輸送、処理・湿式輸送

グロリオサ

エチレンに対する感受性は低い。後処理により蕾の開花が促進される

口絵 p.11

1 特徴と収穫後の生理特性

ユリ科の球根類花きであり、原産地は熱帯アジアおよびアフリカ。つる性の植物で、誘因ひもに絡ませながら栽培する。施設内で生産され、周年出荷されている。現在、高知県の生産量がもっとも多く、愛知県がそれに次ぐ。

エチレンに対する感受性は低く、STS剤を処理しても日持ちを延ばすことが期待できない。

葉が黄化しやすく、その防止にはジベレリン処理が有効である。

1本の花茎に蕾を含めて5輪ついている。もっとも上位の蕾は、水に生けただけでは糖質が不足し、十分に開花しないことが多い。

熱帯原産であることから低温障害を受けやすい。

2 品質管理

生産者段階 通常は第2花が開花した時点で収穫するが、高温期や湿式で輸送する場合はやや早いステージとする。収穫後は速やかに水揚げする。

切り花の品質保持に有効な前処理処法は報告されておらず、前処理はほとんど行なわれていない。

流通段階 ジベレリンを含み、ゲランガムを主成分とするグロリオサ専用の給水資材を用いて出荷されることが多い。輸送中のジベレリン処理により葉の黄化を抑制することができる。最近は他の給水資材も使用されつつある。

熱帯原産で、10℃を切ると低温障害が引き起こされる可能性が高まるため、輸送温度は10℃以上に維持することが基準となる。とくに冬期は注意が必要である。

水揚げはよく、切り戻せばよい。

消費者段階 糖質と抗菌剤の連続処理により、蕾の開花を促すとともに発色を良好にすることができる。すでに開花している花の日持ちを延ばす効果はほとんどないが、蕾から開花した花の日持ちが延長し、切り花全体の日持ちを多少延ばすことが可能である（図❶）。通常は市販の後処理剤を使用すればよい。

3 日持ち判定基準と品質保持期間

開花小花が2輪未満になった時点で日持ち終了とする（図❷）。

品質管理が適切であれば、常温で1週間以上、高温で5日以上の品質保持期間を確保できる。

（市村一雄）

❶ グロリオサ切り花の日持ちに及ぼす後処理の効果（日持ち検定7日目）

水

後処理

ケイトウ

口絵 p.40

● とくに有効な品質保持技術は開発されていないが、日持ちは長い

1 久留米ケイトウの日持ちに及ぼす後処理の効果（日持ち検定20日目）

対照　　後処理

1 特徴と収穫後の生理特性

　ヒユ科の一年草花きで、原産地はインド。トサカケイトウ、久留米ケイトウ、羽毛ケイトウ、ヤリケイトウ、ノゲイトウなど、多くの品種群に分類される。種苗会社が育成した品種もあるが、在来種の流通も多い。露地または無加温ハウスで栽培される。現在、主産地は山形県、千葉県、埼玉県、愛知県などである。

　エチレンに対する感受性は低く、10ppmを超えるような高濃度のエチレンに数日間曝しても花序の老化が促進されることはない。

　いずれの品種群でもすでに開花した状態で出荷されることもあり、糖質の不足による日持ち短縮は起こりにくい。

2 品質管理

　生産者段階　トサカケイトウや久留米ケイトウは開花期間が長いため、収穫時期を調整できる。しかし、種子を形成しているような加齢が進行した切り花では日持ちが短くなるため、注意が必要である。

　品質保持にとくに効果がある前処理剤は知られておらず、前処理せずに出荷されていることが多い。多くの品種では水揚げは容易であるが、トサカケイトウのうち、花序が巨大な品種は水揚げが困難であり、界面活性剤を主成分とする前処理剤溶液を用いて水揚げすることが望ましい。

　流通段階　通常は乾式で輸送されている。輸送温度が高温にならなければ、乾式輸送で大きな問題はない。水揚げはよく、切り戻せばよい。

　消費者段階　クルメケイトウでは、切り花の品質保持にもっとも有効な方法は糖質と抗菌剤の連続処理であり、日持ちを著しく延ばすことができる（図❶）。通常は市販の後処理剤を使用すればよい。

3 日持ち判定基準と品質保持期間

　花序の萎れ、乾燥、変形あるいは著しい退色が見られた時点で日持ち終了とする（図❷）。

　常温では2週間程度、高温では1週間以上の品質保持期間を確保できる。

（市村一雄）

2

コデマリ

エチレンに対する感受性が高い。後処理により日持ちが長くなる

口絵 p.40

① コデマリの日持ちに及ぼす後処理の効果（日持ち検定5日目）

1 特徴と収穫後の生理特性

バラ科の木本で中国原産。白い小さな花が細い枝に手まりのように集まって咲き、枝垂れる。庭木として春を代表する花木である。切り花としても生け花やアレンジメントなどに広く利用されている。

季咲きは4月から5月だが、切り花はハウスで促成栽培し、主に1月から4月にかけて流通する。同じバラ科シモツケ属には、シモツケやユキヤナギなど観賞価値の高い花木が含まれる。主な産地は、埼玉県、静岡県、和歌山県などである。

切り花は通常、10～30％程度の花が咲いた状態で出荷される。出荷時に咲いていた花は5日程度で落弁する。水に生けると収穫時に蕾だった花はほとんど開花しないが、糖質と抗菌剤を連続処理することにより蕾を開花させることが可能である。

エチレンに対する感受性は高く、エチレン処理開始後24時間で著しく落弁する。また、STS剤処理により落弁が抑制されることも報告されている。

2 品質管理

生産者段階 高温条件では日持ちの短縮が著しいため、そのような環境を避けて栽培することが必要である。

収穫時期により切り前を変える。通常1～2月は30％、3月以降は10％以上の花が咲いた時期に収穫する。収穫後はすぐに水揚げする。

前処理されずに出荷されることが一般的である。エチレンに対する感受性が高く、STS剤処理により落弁が抑制されることが知られており、今後はSTS剤の前処理を検討することが必要である。

流通段階 乾式で輸送されることが一般的である。輸送温度が低温であれば乾式で大きな問題はない。

消費者段階 糖質と抗菌剤の連続処理により蕾の開花が促進され、日持ちを著しく延ばすことができる（図）。通常は市販の後処理剤を使用すればよい。

2 日持ち判定基準と品質保持期間

水揚げ不良により切り花全体が萎れるか、軽く振って半数以上の小花が落弁した時点で日持ち終了とする（図②）。

品質保持剤処理などの品質管理が適切であれば、常温で1週間程度の品質保持期間を確保できる。

（渋谷健市）

シャクヤク

不開花を避けるため、品種に応じた適切な切り前で収穫することが必要である

口絵 p.12

1 'サラベルナール'の不開花

1 特徴と収穫後の生理特性

ボタン科の宿根草で原産地は東アジア。日本のほか、イギリス、フランス、アメリカで品種改良が進められた。近年はボタンとの交配も行なわれ、黄色等これまでにない花色の品種も切り花として利用されるようになってきている。花色はピンク、白、赤が主で、紫、オレンジ、黄色や複色の品種もある。花型は多様であるが、主に八重咲き系の品種が切り花として利用される。現在の主産地は長野県、新潟県、埼玉県、静岡県などである。

エチレンに対する感受性は比較的高く、エチレン処理により花弁の萎れや脱落が促進される。

2 品質管理

生産者段階 収穫適期が短いため、適正な切り前を逃さないように収穫する。

切り前は日持ち性に大きく影響する。切り前が早いと蕾から開花するまでの期間が長くなるため、生け花してからの日持ち日数は長くなるものの、満開にならずに花弁が褐変、脱落する不開花となりやすい（図❶）。また、開花しても花弁が小さく、花色も薄くなるなど観賞価値が低下する傾向がある。一方で切り前が遅いと開花しやすく、観賞価値は高くなる。開花までの期間が短いため、生け花後の日持ち日数は短くなるが、開花後の日持ちはむしろ長くなる傾向がある。

不開花と日持ち性から見た適正切り前は品種により異なる（図❷、❸）。比較的開花しやすい'ジョーカー'、'春の粧'などの品種は、早めの切り前とする。開花の進展が緩やかな'レッドマジック'、

2 品種別切り前別の日持ちと不開花率

3 'サラベルナール'の切り前

早い　　　　　　　通常　　　　　　　遅い

'ブラックビューティー'などの品種は遅めの切り前とする。購入直後に開花した状態で利用したい場合と、日持ちの長さを優先したい場合など、用途に合わせて切り前を調整することも考慮する。

収穫後は涼しい場所で速やかに調整と水揚げを行なう。収穫後、水揚げまでの時間が長くなった場合や残す葉の枚数が多い場合など、水分ストレスがかかりやすい条件では不開花の割合が高くなる。水揚げの際、室温が高く、時間が長いと開花が進みすぎることがあるので注意する。選別の際は、蕾の基部に灰色かび病の病斑がないか注意する。

0.2mM STS剤の12～24時間程度の処理で日持ちがやや長くなる。一方で、開花の進行が遅くなり、不開花の割合が高くなる場合もある。処理を行なう場合は収穫時期を早めないようにする。

流通段階　一般的にはダンボール箱に入れ乾式で出荷されている。湿式輸送は不開花の低減と萎れ防止に有効であるが、温度が高いと輸送中に開花が進みすぎる場合がある。そのため低温流通（5～10℃）に留意する。

消費者段階　糖質と抗菌剤の連続処理により蕾の開花が促され、不開花の割合が低減するとともに、花弁の大きさや発色が向上し、観賞価値が向上する。通常は市販の後処理剤を使用すればよい。

高温では日持ちの短縮が著しいため、涼温下で観賞することが望まれる。

3
日持ち判定基準と品質保持期間

花弁が落ちないまま萎凋、褐変する場合と、正常な状態で脱落する場合がある（図**4**）。花弁が萎凋、褐変または脱落した時点で日持ち終了とする。

品質管理が適切であれば、常温で1週間程度の品質保持期間を確保できる。

（神谷勝己）

4　　萎凋と褐変　　　　　　　　　　落弁

シュッコンカスミソウ

STSと糖質を主成分とする専用の前処理剤と後処理の組み合わせで日持ちが長くなる

口絵 p.13

1 特徴と収穫後の生理特性

ナデシコ科宿根草であるが、園芸的には一年草として扱われている。地中海沿岸、中央アジアからシベリアにかけて自生する。主として添え花として使用される。施設内で生産されており、現在、熊本県、福島県、和歌山県、北海道などが主要な産地となっている。福島県などの高冷地では主に夏秋期に出荷しており、熊本県などの暖地では冬春期に出荷している。このように暖地と高冷地で生産時期を変えることで、周年供給を可能としている。

エチレンに対する感受性が高く、エチレン濃度が高い環境下では花弁の萎れが引き起こされる。また、老化に伴いエチレン生成量が増大する。このように、花の老化はエチレンにより制御されていることが明らかなため、日持ち延長にはエチレンの作用を阻害する必要がある。

開花後の小花が、平均22℃以上の高温にさらされると、「黒花」が発生する。「黒花」は花弁がドライフラワー状とならず萼片内に溶けたようにしぼみ、観賞価値を失う。

小さな蕾が多数ついているため、日持ちを延ばすためには蕾を開花させることも必要となる。

細菌に対する感受性が高い品目であり、細菌濃度が高いと水揚げが阻害される。

主要品目の中では悪臭が問題となる数少ない切り花である。悪臭は花から発生し、その本体はメチル酪酸という物質である。収穫後の時間経過に伴い悪臭の発散量は低下するものの、観賞段階でも問題となる。

2 品質管理

生産者段階 朝夕の涼しい時間帯に清潔でよく切れるハサミを用いて収穫する。

収穫適期は、乾式輸送の場合と湿式輸送の場合では異なる。乾式で輸送する場合には頂花から第3花までの小花が開花し（20％程度の小花が開花）、かつ最下位の側枝の小花が1輪開花した時点とされる。湿式で輸送する場合には、乾式の場合よりも早めで、最下枝の蕾が少し膨らんだ時点とする。ただし、季節、輸送環境、輸送時間などを考慮して調節することが必要である。

前処理の基本は、すでに開花した花の日持ちを延ばすことと、蕾の開花を促すことである。日持ちの延長はSTS剤処理で、蕾の開花は糖質処理で促すことができる。シュッコンカスミソウ用前処理剤の主成分はSTS剤と糖質である。通常はシュッコンカスミソウ専用の前処理剤を規定の濃度に希釈して使用すればよい。前処理剤を用いることによって日持ちを1.5倍程度延ばすことができる。

シュッコンカスミソウは悪臭を発散することが問題となっているが、最近、悪臭の発散を抑制する前処理剤が開発された。この前処理剤は従来からの主要成分

① 湿式で出荷されたシュッコンカスミソウ切り花

2 シュッコンカスミソウ切り花の日持ちに及ぼす後処理の効果（日持ち検定20日目）

であるSTS剤と糖質に加えて、悪臭発散抑制剤が含まれており、これまでの前処理剤と同様の方法で処理を行なう。これにより、悪臭の発生量を半減させることが可能である。

現在流通しているシュッコンカスミソウの本来の花色は白色がほとんどであるが、前処理剤を処理する前に染色液を吸収させ、さまざまな花色のカスミソウが流通している。前処理剤を処理した後では、染色液の吸収量が不十分となるため、きれいに染色することができない。染色液を利用する場合は、先に染色液を処理し、その後ただちに前処理を行なう。

流通段階　水揚げのよい品目ではないため、湿式で出荷する必要がある（図❶）。輸送時の温度は、高温期では15℃程度、ほかの時期は10℃程度が適当である。湿式輸送時に糖質と抗菌剤を主成分とする品質保持剤を用いると、輸送後の開花促進に効果がある。

輸送温度が高く輸送期間が長い場合は、日持ちが極端に短くなる。とくに乾式輸送ではその傾向が著しいため、注意が必要である。湿式輸送では抗菌剤を主成分とする輸送用の品質保持剤を用いることが必須である。輸送中に糖質と抗菌剤を処理すると蕾の開花が促進され、さらに品質を向上させることが可能である。

輸送された切り花は小売用品質保持剤を用いて水揚げすればよい。生産者段階で品質保持剤が適切に処理されていれば、水揚げは比較的容易である。

消費者段階　前処理のみでは与えられる糖質の量に限りがあり、品質保持効果は十分とはいえない。糖質と抗菌剤を用いた連続処理は、シュッコンカスミソウ切り花の日持ち延長に効果がある（図❷）。糖質と抗菌剤の処理により蕾の開花が促進され、日持ちを1.5倍程度長くすることができる。通常は市販の後処理剤を使用すればよい。

3
日持ち判定基準と品質保持期間

半数以上の小花が萎れるか、褐変した時点で日持ち終了とする（図❸）。

品質保持剤処理などの品質管理が適切であれば、常温で2週間以上、高温では10日程度の品質保持期間を確保できる。

（市村一雄）

スイートピー

● エチレンに対する感受性が高く、STS剤の前処理により日持ちが顕著に長くなる

口絵 p.14

1 特徴と収穫後の生理特性

マメ科の一年草で原産地はイタリアのシチリア島。開花時期から冬咲き系、春咲き系、夏咲き系に分類されているが、冬咲き系と春咲き系に属する品種が多い。花色は白、ピンク、赤、紫色などさまざまあるが、黄色やオレンジ色の切り花は染色されたものである。芳香性がある。

冷涼な気候を好む。施設内で生産され、通常は12月から4月まで収穫する。つる性の植物であるが、巻きひげは切り取り、ネットなどに誘引し、栄養成長と生殖成長のバランスを取りながら栽培する（図）。曇天が続くと蕾が落花するため、冬期に日射量が確保できる地域でないと営利生産は困難である。1980年代後半からSTS剤の処理が実用化され、切り花の日持ちが飛躍的に延長した。その結果、遠隔地からの輸送が可能となり、生産が増大した。現在、もっとも主要な生産地は宮崎県で、ほかに神奈川県、和歌山県、岡山県、大分県などで生産されている。

エチレンに対する感受性が高く、0.2ppmのエチレン処理により花弁の萎れが引き起こされ、その後、花全体が落花する。落花は花弁が完全に萎れた後に起こるため、萎れるタイプの花きとすることが妥当とされている。また、老化に伴いエチレン生成量が増加する。エチレンの主要な生成器官は雄しべと花弁である。STS剤処理によりエチレンに対する感受性がほとんど消失し、日持ちを延ばすことができる。

ラン類をはじめ、エチレンに感受性の高い多くの花きでは受粉により急激に老化が進行し、日持ちが短縮する。開花した時点で自然に自家受粉しているスイートピーの場合、開花前に花粉を取り除き、受粉を防いでも日持ちを延ばすことはできない。

観賞時に花弁が退色しやすいことも課題になっている。発色の原因となるアントシアニンそのものの含量は低下しないことから、発色を抑制する物質が増えるのではないかと考えられている。

花弁は物理的障害に弱く、水浸状の斑点が生じやすい。

2 品質管理

生産者段階 通常はすべての小花が開花

1 スイートピーの栽培圃場（宮崎県日南市）

2 スイートピー切り花の日持ちに及ぼすSTS剤前処理の効果（日持ち検定8日目）

対照　　　STS剤前処理

③ 乾式で出荷されたスイートピー切り花

④ スイートピー切り花の日持ちに及ぼすSTS剤前処理と後処理の効果（日持ち検定14日目）

した時点で収穫する。しかし高温期は、すべての小花が開花した時点で、すでに最初に開花した小花の老化が進んでいるため、2～3輪開花した時点で収穫する。

エチレンに対する感受性が高い代表的な花きであり、STS剤の前処理が必須となっている。STS剤は0.25mMの濃度では1時間、0.5mMの濃度では0.5時間処理が適当である。STS剤処理により日持ちを2倍程度長くすることができる（図❷）。

高温期に蕾を含む段階で収穫した切り花では、STS剤で短期間処理した後、8%程度のスクロースで20時間処理すると、蕾の開花が促進される。また、STS剤単独処理よりも2日程度日持ちが延長し、花弁の退色も抑制される。

STS剤以外のエチレン阻害剤では、1-MCP剤が日持ち延長に効果があるが、STS剤の効果には劣る。アミノイソ酪酸（AIB）、アミノオキシ酢酸（AOA）、アミノエトキシビニルグリシン（AVG）などのエチレン合成阻害剤を処理しても日持ちを延ばすことはできない。

染色する場合は、STS剤処理と同時に行なう。

流通段階 段ボール箱に横詰めし、乾式で出荷されることが一般的である（図❸）。輸送温度は、5℃程度が適当である。花束をセロファンで包むと花弁の物理的傷害を防ぐことができる。

水揚げは非常によく、切り戻せばよい。

消費者段階 STS剤が適切に処理された切り花は、糖質と抗菌剤を連続処理すると日持ちはさらに長くなる（図❹）。また、糖質と抗菌剤処理により退色をやや抑えることができる。通常は市販の後処理剤を使用すればよい。

高温環境下では日持ちの短縮が著しいため、そのような環境を避けて観賞することが必要である。

❸ 日持ち判定基準と品質保持期間

半数以上の小花が萎れた時点で日持ち終了とする（図❺）。

STS剤が適切に処理された切り花では、常温で1週間程度の品質保持期を確保できる。

（市村一雄）

❺

スターチスシヌアータ

有効な品質保持技術は開発されていないが、日持ちは長い

口絵 ▷ p.15

① スターチスシヌアータの花弁（矢印）

特徴と収穫後の生理特性

イソマツ科の半耐寒性宿根草であるが、切り花生産では一年草として扱っている。シチリア島から地中海一帯を原産とする。主たる観賞器官は萼片である。白またはクリーム色の花弁は寿命が短く、目立たない。主として仏花として利用されている。現在の栽培品種は高性で多収性の特性をもつものが多く、ほとんどが組織培養による栄養繁殖系品種である。

施設内で生産されており、現在の主産地は和歌山県、北海道、長野県などである。暖地では冬春期出荷が主体であり、高冷地では夏秋期出荷が主体である。このように暖地と高冷地で出荷時期が異なるため、周年供給が可能となっている。

萼は紫色、黄色、ピンク色などさまざまに発色しているが、花弁は白色である（図①）。花弁の寿命はきわめて短いこともあり、観賞の対象にはなっていない。萼は花弁よりも大きく、発色しているため、萼が主要な観賞部位となっている。萼は老化に伴い萎れを示さず、ドライフラワー状となることが多い。

花弁はエチレンに対する感受性が高く、エチレン処理によりすでに展開していた花弁の老化が促進されるだけでなく、蕾の開花も阻害される。それに対して、萼はエチレンを処理しても萎れはほとんど促進されない。

とくに高温時には茎葉の黄化により日持ちが終了することが多い。黄化のしやすさには品種間差があり、'アラビアンブルー'、'ネオアラビアン'、'セイシャルスカイ'、'ノーブルビオレッタ'、'ネオブルー'などは黄化しやすいが、'フレンチバイオレット'、'ネイビーサンバード'、'セイシャルブルー'、'ノアール'、'イエローサンバード'などは黄化しにくい（図②）。茎葉の黄化はジベレリン処理により防ぐことができることから、黄化にはジベレリンが関係していると考えられる。なお、キクとは異なりエチレ

② スターチスシヌアータ茎葉黄化の品種間差（水に生け、常温で10日間保持したときの状態）

セイシャルブルー　　セイシャルスカイ

ン処理により葉の黄化が促進されること
は認められていない。

2 品質管理

生産者段階 下位節分枝の花序の先端まで萼片が展開した段階が収穫の適期である。収穫時期が早すぎると花序が萎れやすくなる。

花弁はエチレンに対する感受性が高いが、花弁を観賞の対象としないためエチレンが大きな問題とならず、STS剤処理は必要ない。水に生けただけでも日持ちは常温で2週間以上とかなり長い部類に入る。

とくに高温時に茎葉が黄化しやすいことが品質保持において大きな問題とされている。前述したように茎葉の黄化のしやすさには品種間差がある。また、乾燥によって茎葉の黄化は助長されるが、ジベレリンの前処理により抑制することができる。ジベレリンの濃度は10 mg/Lで安定的な効果を示すが、5 mg/Lでも有効とされている。今後は黄化しにくい品種を用いること、あるいは高温時にはジベレリン処理について検討することが必要となっている。

通常は出荷前の品質保持処理剤による処理は行なわれていない。水揚げを行なった後、箱詰めする。乾式による出荷が一般的である。

流通段階 水揚げはよく、輸送時の温度が低温であれば乾式輸送でも大きな問題はないが、湿式で輸送されることもある（図❸、❹）。輸送時に高温に遭遇すると茎葉の黄化が促進されるため、10℃程度の低温で維持することが必要である。

花茎基部を切り戻して、水揚げを行なう。

消費者段階 糖質と抗菌剤を処理しても、日持ちを延ばすことはほとんどできない。

❸ 乾式輸送により出荷されたスターチスシヌアータの切り花

❹ バケット輸送により出荷されたスターチスシヌアータの切り花

したがって、後処理の必要性は低い。日持ちは長い品目であるため、水に生けて観賞すればよい。

3 日持ち判定基準と品質保持期間

花首が萎れて垂れ下がるか、茎葉が著しく黄変した時点で日持ち終了とする（図❺）。萼片の萎縮がほぼすべての花序で発生することもあるが、通常はドライフラワー化することが多く、萼そのものが日持ち終了の原因となることは多くない。

常温では2週間以上、高温では10日間以上の品質保持期間を確保できる。

（市村一雄）

ストック

後処理により日持ちが長くなる

口絵 p.16

1 特徴と収穫後の生理特性

アブラナ科の一年草または宿根草で、原産地は南ヨーロッパ。切り花生産では一年草として扱っている。仏花に用いられることが多い。花色は豊富で、香りは強い。

無分枝系（1本立ち）、スプレー系および分枝系に大別される。無分枝系はスタンダードタイプと呼ばれることが多い。国内で流通している品種の大半は千葉県の黒川氏が育成したものである。無分枝系とスプレー系は施設内で、分枝系は露地で生産されることが多い。分枝系のシェアは減少している。大半の品種では播種すると八重咲きと一重咲きが半々になる。一重咲きは市場価値がないため、生産者は幼苗の段階で八重鑑別を行なっている。耐寒性が強く、主として晩秋から春にかけての低温期に出荷される。千葉県がもっとも生産量が多く、ほかに山形県、兵庫県、鳥取県などが主要な産地となっている。

ストックは葉面積が大きいこともあり、蒸散が盛んである。とくに高温時には蒸散量が多く、水揚げが困難な場合がある。

エチレンに対する感受性はやや高い。10ppmのエチレンにさらすと、3日目には落弁が引き起こされる（図❶）。また、STS剤処理により落弁が抑制される。このように、落弁にはエチレンが関わっていることが認められている。

切り花を横置きすると、負の屈地性により花穂が屈曲しやすい。

多数の蕾がついており、日持ち延長には蕾を開花させることも重要な課題となる。

2 品質管理

生産者段階　春、秋の気温が高い時期では5～6輪開花したときが収穫適期である。冬には7～8輪開花した時期が見栄えがよく、好ましい。

秋期に収穫した場合は水揚げが難しいことが多い。水揚げが難しい原因は、蒸散量が吸水量を上回ることにより引き起こされるとみなされる。水の表面張力を低下させて水揚げを促進する効果がある界面活性剤を用いることにより、吸水が促進され、水揚げの改善を図ることができる。界面活性剤では、塩化ベンザルコニウムの効果が高いことが明らかにされ

❶ エチレンがストックの老化に及ぼす影響
（10ppmのエチレンを3日間処理したときの状態）

❷ STS剤前処理がストック切り花の日持ちに及ぼす効果
（日持ち検定12日目）

3 バケット輸送により出荷されたストック切り花

4 ストック切り花の日持ちに及ぼす後処理の効果（日持ち検定12日目）

　STS剤を処理することで、すでに開花した花の日持ちを多少延ばすことができる（図❷）。STS剤は0.1mMの濃度では1時間処理が適当である。0.2mM以上、あるいは長時間の処理では葉に障害が生じることがある。また、その日持ち延長効果はさほど大きくはないこともあり、STS剤の前処理はほとんど普及していない。

　最近、6-ベンジルアミノプリン（BA）剤を花穂全体に散布処理することにより日持ちが延びることが明らかにされた。BAの濃度は100mg/Lが適当である。ただし、一般的な前処理方法である吸水による処理では日持ちを延ばすことはできない。BAの品質保持効果はSTS剤のそれよりも高い。現在は試験段階であるが、今後、実用的技術として確立されることが期待される。

流通段階　乾式で輸送されることが一般的である。湿式で輸送されることもあるが、花穂が伸びやすいため、注意が必要である（図❸）。高温では日持ちの短縮が著しいため、乾式、湿式を問わず、5～10℃程度の低温で輸送することが不可欠である。

　水揚げが困難な場合が少なくない。また、乾式輸送した切り花の花穂は負の屈地性により曲がっている。そこで、不要な下葉を除いた後、花束全体を新聞紙で包み、茎を切り戻し、垂直に立てて水揚げを行なう。

消費者段階　単なる水に生けると、茎が腐敗しやすい。また葉の黄化も助長される。糖質と抗菌剤を連続処理することにより蕾の開花が促進され、日持ちが長くなる。また、葉の黄化も抑制される。その結果、日持ちを1.5倍程度長くすることができる（図❹）。通常は市販の後処理剤を使用すればよい。

　吸水量はかなり多いため、生け水がなくならないよう、注意が必要である。

　観賞環境が高温では日持ちは極端に短くなるため、そのような環境を避けて観賞することが望まれる。

3 日持ち判定基準と品質保持期間

正常に開花している小花数が試験開始時開花数の半数以下となるか、花茎が折れるか、茎葉全体が著しく黄変した時点で日持ち終了とする（図❺）。

　品質保持剤処理など品質管理が適切であれば、常温で10日間程度の品質保持期間を確保できる。　　（市村一雄）

ダリア

●BAの散布前処理と後処理の組み合わせにより日持ちが長くなる

口絵 p.18

1 特徴と収穫後の生理特性

キク科の宿根草で球根を形成する。原生地はメキシコからグァテマラの山地。以前は主として花壇用花きとして利用されていたが、秋田国際ダリア園の鷲澤氏により'黒蝶'、'かまくら'および'ミッチャン'をはじめとする優れた品種が育成され、人気切り花品目となった。

露地で生産されることが多かったが、現在は施設内での生産が一般的になっている。寒冷地では夏秋期、暖地では冬春期に主として生産され、周年出荷が可能となっている。現在の主産地は長野県、北海道、秋田県、山形県、福島県、千葉県、奈良県などである。

花色は赤、桃、黄、白色などさまざまである。フォーマルデコラ、セミカクタス、ボール咲きなど多様な花形の品種が作出されている。花径は、10cm前後の小輪から26cm以上の巨大輪まで幅広い。

現在は、'黒蝶'に代表されるような中大輪の品種をある程度開花させてから出荷する流通が主流である。'祝盃'など古くから流通する一部の品種では、切り前はかなり硬い（図❶）。

日持ちは基本的に短く、品種間差が大きい。日持ちの長い品種と短い品種では2倍以上の差がある。日持ちの長い品種は'ミッチャン'、'祝盃'、'球宴'などが挙げられる。育種により日持ちの長い系統を選抜することで、これまでよりも日持ちの長いダリア品種が育成されることが期待されている。

エチレンに対する

❶ 蕾段階で出荷する品種'祝盃'

感受性があり、エチレン処理により花弁の萎れや落弁が促進される。しかし、老化時に小花からエチレン生成の急激な増加は見られず、STS剤による日持ち延長効果もない。

1%程度の糖質と抗菌剤を含む溶液に生ける処理と併用することでさらに日持ちが長くなる。

2 品質管理

生産者段階 合成サイトカイニンである6-ベンジルアミノプリン（BA）を花に散布、または浸漬処理することにより日持ちが長くなる（図❷）。処理濃度は10～20mg/Lが適当である。花弁に直接処理すると効果が高いため、BA溶液を花全体に散布または浸漬するとよい。BA散布処理による日持ち延長効果は、'黒蝶'、'熱唱'、'かまくら'、'ミッチャン'など代表的な品種を含む多くの品種で有

対照

BA処理

❷ BAの散布処理がダリア'恋歌'切り花の日持ちに及ぼす影響（日持ち検定5日目）

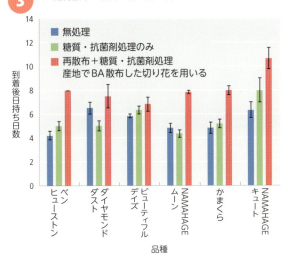

図3 BA剤再散布と糖質・抗菌剤の併用効果

図4 後処理がダリア'黒蝶'切り花の日持ちに及ぼす影響（日持ち検定6日目）

効である。展開した花弁に散布液が付着することが重要なため、切り前が早いと十分な効果が得られない。

BAを処理した切り花を1％程度の糖質と抗菌剤を含んだ溶液を用いて水揚げするとよい。輸送中も処理を続けることにより、品質保持効果はさらに高まる。

市販の球根用後処理剤を茎下部より吸い上げで処理する方法も普及が進んでいる。ただし、品種により効果に差があるといわれている。また、溶液に浸漬している茎下部が褐変しやすいため、注意が必要である。

流通段階　乾式輸送では萎れやすく、花弁が傷みやすいため、縦箱の湿式で出荷することが必要である。'祝盃'など、収穫時期が早い品種は乾式横箱輸送される。輸送温度は10℃が適している。15℃以上で日持ちが短くなる傾向があり、5℃では輸送時に葉に障害が発生するおそれがある。冬期は、凍結や急激な温度変化による花弁の変色に注意する。湿式輸送時には糖質と抗菌剤を含んだ溶液を用いるとよい。

水揚げはよいが、切り口が腐敗しやすいため、塩素系殺菌剤で消毒するのが望ましい。

小売店到着時に、BA含有剤を花房全体に散布処理すると日持ちがさらに長くなる（図3）。生け水は糖質と抗菌剤を含んだ溶液を用いる。

消費者段階　糖質と抗菌剤の連続処理により日持ちが長くなる（図4）。糖質では5％グルコースや2.5％スクロースと2.5％フルクトースの組み合わせが有効である。グルコース濃度が高いと葉に障害が発生することがあるが、スクロースでは障害は発生しにくい。通常は市販の後処理剤を使用すればよい。

3
日持ち判定基準と品質保持期間

舌状花弁の50％以上が萎れあるいは変色した時点で日持ち終了とする（図5）。

品質保持剤を処理するなど品質管理が適切であれば、常温で5日間以上の品質保持期間を確保できる。

（湯本弘子）

図5

チューリップ 一重／八重

口絵 p.20

● エテホンとサイトカイニン剤の前処理と後処理の併用により日持ちが長くなる

1 チューリップ切り花の日持ちに及ぼす前処理と後処理の効果（日持ち検定8日目）

無処理

前処理のみ

後処理のみ

前処理と後処理

1 特徴と収穫後の生理特性

　ユリ科の球根類花き。西はイベリア半島から東は中国、北は西シベリアから南はアフリカまで幅広く自生している。花色や花型の種類が豊富で、花型と開花期により15の系統群に分類される。現在栽培されている品種の多くはオランダで育成されたものであるが、新潟県や富山県でも育種が行なわれている。花色が変化する品種や芳香性を有する品種等もあり、バラエティーに富んだ品種が流通している。現在の主産地は新潟県、埼玉県などである。

　チューリップの花は、温度が上昇すると開き、低下すると閉じる。また、開花後、時間の経過とともに花被が伸長し、花が大きくなる。エチレンに対する感受性は低く、切り花の老化に伴い、花被は退色、萎凋または脱落するが、花被がどの老化パターンを示すかは品種によって異なる。

　多くの品種では、開花後に花茎が急激に伸長し、著しい場合には下垂して切り花の草姿が大きく変化する。極端な場合には切り花の観賞価値が低下するが、花茎の動きを上手に生かし、アレンジに利用することもある。

　さらに、品種によっては葉が黄化しやすく、花被の老化より前に葉が黄化して切り花の観賞価値を失うこともある。アルストロメリアやユリなど、ほかの多くの品目とは異なり、サイトカイニン剤のほうがジベレリンよりも黄化を防ぐ効果が高い。

2 品質管理

生産者段階　切り花を球根ごと抜きとり収穫する。切り前は品種や栽培時期によっても異なるが、花被が発色し始めた頃から花被全体が発色した頃を基本とする。切り前の花被発色期から開花までの期間が短いため、収穫が遅れないように注意する。

　収穫後の調整では、球根カッター等を用いて切り花から球根を除去する。球根にはアレルギー物質が含まれており、手に触れると皮膚炎になることがあるので、取り扱いには十分注意する。切り花を一時保管する場合は、花茎が曲がらないように縦置きにして、2〜5℃程度の低温下で管理する。

　収穫後はできるだけ速やかに調整・結束し、水揚げを行なう。花茎の伸長はエテホン処理によって抑制されるが、エテホン処理は開花を抑制し、日持ちを短縮させやすい。葉の黄化抑制にはサイトカイニン処理の効果が高く、6-ベンジルアミノプリン（BA）を処理すると、葉

の黄化だけでなくエテホンによる花への副作用も軽減できる。実用的には、水揚げの際にチューリップ専用前処理剤を用いると、花茎の急激な伸長や葉の黄化を抑えることができるが、花被の成長や発色に悪影響を及ぼすこともある（図❶）。前処理剤の品質保持効果は、切り花に吸収される前処理剤の量によって決まる。

流通段階　流通段階での咲き進みが問題となるため、一般的には乾式、5℃前後の低温で輸送されている。また、横置きにすると負の屈地性により花茎が曲がりやすいため、縦型出荷箱が主流となっている。消費地近郊の産地では、出荷調整の作業時間を短縮するため、水揚げを兼ねてバケットによる湿式輸送を導入しているところもある。水揚げはよく、乾式輸送した場合でも切り戻せばよい。

消費者段階　糖質と抗菌剤の連続処理は、花の日持ちを延長させる効果がある（図❷）。糖質処理により、花被の伸長を促進させ花を大きく咲かせるだけでなく、花の発色も向上させる。効果の程度に若干の違いはみられるが、通常は市販の後処理剤を使用すればよい。ただし、チューリップは観賞時の吸水量が比較的多く、過剰な量の後処理剤を吸収させると、葉や花茎等に薬害を生じることがある。また、糖質処理は、品種によって花茎の伸長を促進させる影響もみられる。

❷ **チューリップ切り花の日持ちに及ぼす後処理の効果（日持ち検定9日目）**

対照

後処理

極端な花茎の伸長を避けるためには、前処理済みの切り花を選ぶとよい。前処理済みの切り花に後処理を併用することにより、花茎の伸長を抑制するだけでなく、前処理による花被の伸長抑制や発色不良を改善できる（図❶）。

高温条件では日持ちの短縮が著しいため、そのような環境を避けて観賞することが望まれる。

3
日持ち判定基準と品質保持期間

基本的には、花被の1/3以上が退色または萎凋するか、花被が落弁した時点で日持ち終了とする。ただし、花の状態がよくても、花茎が下垂、または葉が黄化するなど草姿の状態が悪化している場合は、日持ち終了とする（図❸）。

品種によっても異なるが、適切に処理された切り花では、常温で1週間程度の品質保持期間が得られる。

（渡邉祐輔）

❸

'ホワイトマーベル'

'ブルーダイヤモンド'

デルフィニウム　エラータム系／シネンシス系

●エチレンに対する感受性が高く、STS剤処理により日持ちが著しく長くなる

口絵 p.22

1 特徴と収穫後の生理特性

キンポウゲ科に属し、耐寒性のある一年草または多年草であるが、切り花生産上は一年草として扱われている。青い花色が特徴的な花きであるが、白、ピンク色、赤色、黄色の品種もある。

エラータム系、ベラドンナ系、シネンシス系、原種系、ラークスパー系などの品種群に大別される。どの品種群でも主たる観賞部位は萼片であり、花弁は小さく目立たない。エラータム系は長大な花穂を持ち、八重の品種が多い。ベラドンナ系の花は一重で、花穂は比較的長い。シネンシス系はスプレー状となり、花穂は比較的短い。また、花弁が退化していることが多く、距（きょ）がない。北海道と愛知県が主産地であり、施設内で生産されている。

デルフィニウムはエチレンに感受性の高い代表的な品目であり、2ppmのエチレンにさらすと翌日にはほとんどの萼片が落ちる（図1）。エチレンに対する感受性は老化に伴い上昇する。また、花の老化に伴いエチレン生成が上昇し、花弁と萼片が離脱する。エチレン生成が上昇する器官は、雌しべと花托である。

受粉によってエチレン生成が増大し、落弁が引き起こされるが、デルフィニウムは雄しべ先熟で、雌しべは開花後4〜5日経たないと成熟しない。STS剤が適切に処理された花では、エチレンに対する感受性が低下した後に、受粉が起きる。そのため、受粉は大きな問題とならない。

2 品質管理

生産者段階　曇天が続くような天候下では植物体内の貯蔵糖質含量が低下し、落花しやすくなるので注意が必要である。

花穂が長いエラータム系では、花穂上部まで開花させると基部の小花は老化が進行しており、STS剤で処理しても落花を防止することができない。そのため、花穂の半分程度が開花した時点で収穫する。収穫後ただちに下部の余分な葉を取り除く。

STS剤処理が必須であり、処理により日持ちは2倍程度延ばすことができる。STS剤処理は、切り花新鮮重100gあたりエラータム系では1.3〜17μmol、ベラドンナ系では1.3〜9μmol、シネンシス系では3〜8μmolの銀が吸収されると、日持ちが2倍以上に延長し、薬害も生じないことが確認されている。したがって、これに合わせてSTS剤処理の濃度と時間を設定する。ただし、シネンシス系とエラータム系では、STS濃度を0.1mMとした場合、処理時間を長くしても花における銀の蓄積量が不足し、十分な品質保持効果が得られない。そのため、通常は0.2mMの濃度で6〜7時間程度処理する。

STS剤処理を怠ると、その後の品質管理がいかに適切でも流通段階で落弁し、十分な品質保持期間を得ることはできな

1　エチレンがデルフィニウム切り花の落弁に及ぼす影響（10μL/Lのエチレンを1日間処理したときの状態）

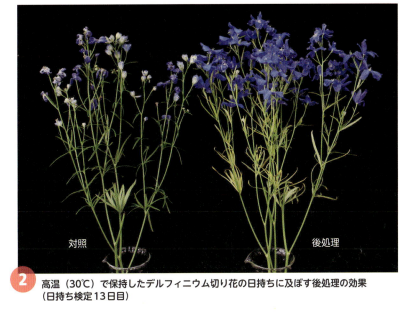

図2 高温（30℃）で保持したデルフィニウム切り花の日持ちに及ぼす後処理の効果（日持ち検定13日目）

い。生産者の段階でSTS剤を適切に処理することがデルフィニウムの切り花の日持ちを延ばすためにもっとも重要である。

エラータム系のように花穂が長大な系統では、収穫時点では花穂上部の花は蕾であり、水に生けただけでは開花を促すことができない。前処理液に糖質と抗菌剤を加えると、蕾の開花を促進することができる。

流通段階　通常は、段ボール箱に横置きした乾式により出荷されることが多いが、シネンシス系は萎れやすいため、湿式による出荷が必須である。他の系統においても湿式輸送が望まれる。輸送時に抗菌剤だけでなく4％程度となるようにスクロースを加えると、花穂上部の開花が促進され、日持ちをさらに延ばすことができる。

5〜10℃程度の低温輸送が必要である。水揚げはよいので、切り戻せばよい。

消費者段階　スクロースやグルコースをはじめとする糖質と抗菌剤の連続処理が日持ち延長に効果がある。また、糖質の処理により花が大きくなるだけなく、発色も促進される。とくに花穂が長大なエラータム系では収穫時期が早いと、花穂上部の小花を開花させることが困難であるが、糖質と抗菌剤の処理により開花を促すことが可能である。通常は市販の後処理剤を使用すればよい。

STS剤が適切に前処理された切り花であれば、常温で10日間程度の日持ちを示す。ただ、前処理が適切に行なわれていても、高温条件下での日持ちは相当短くなる。しかし、糖質と抗菌剤の後処理を行なうことにより日持ちは長くなる（図2）。

3 日持ち判定基準と品質保持期間

STS剤が適切に前処理された切り花では、萼片が萎れることにより観賞価値を失う。半数以上の小花が落花するか萎れた時点で日持ち終了とする（図3）。

品質保持剤が処理されるなど適切に品質管理された切り花では、常温で10日間程度、高温で5日間程度の品質保持期間を確保できる。

（市村一雄）

図3

トルコギキョウ 一重／フリンジ／八重

口絵 p.24

● エチレンに対する感受性が高く、STS剤や糖質の前処理および糖質の後処理により日持ちが長くなる

特徴と収穫後の生理特性

リンドウ科の宿根草。ただし、自生地の北限では一年草か二年草となっており、切り花生産上は一年草として扱われている。ユーストマ（*Eustoma*）属には3種が含まれており、そのうち*Eustoma grandiflorum*は北米西南部からメキシコにかけての石灰岩地帯の草原を自生地とし、主として園芸品種の原種に用いられている。また、小輪多花性の*E. exaltatum*は北米南部、中米から南米北部を自生地とし、育種素材として利用されている。

日本国内には1930年代初期に導入され、1980年代前半までは個人育種家により品種改良が行なわれてきた。その後、種苗会社が本格的に参入し、現在、各社がもっとも精力的に品種開発に取り組んでいる品目となっている。白、桃、紫、覆輪などのさまざまな花色、大輪から極小輪まで幅のある花径、極早生から晩生までの開花特性を有する数多くの品種が育成されている。以前は一重品種が主流であったが、現在では大輪八重系品種が人気である。施設内で生産されており、主産地は、長野県、福岡県、北海道などである。産地連携により周年供給が可能となっているが、長日、高温条件で開花が促進されるという性質のため、冬期の流通量は少ない。

トルコギキョウ切り花は高温でも日持ちが短縮しにくく、高温期の切り花として重要である。しかし、適切な処理を行なわないと、切り花全体が萎凋して日持ちが短くなることがある。

灰色かび病は、葉が茎に付着している部分や花弁に発生がみられる。花弁に発生した場合は、茶褐色の水浸状の斑点となる。冬から春にかけて多く発生する。消費者の手元に渡ってから激発することがあるため、圃場の衛生管理に気をつける必要がある。

トルコギキョウの花の老化にはエチレンが関与している。エチレンに対する感受性は比較的高く、10 ppmのエチレン処理により花弁の萎れが引き起こされる（図❶）。感受性の程度には品種間差がみられ、感受性の高い品種は日持ちが短い傾向がある。また、収穫後の日数が経つと感受性が高まる。花からのエチレン生成量は老化時に増加する。エチレンは主として花弁と雌しべから生成される。

受粉はトルコギキョウの日持ちを著しく短縮する。例えば、'あすかの波'では未受粉で9.2日の日持ちが受粉により2.4日に短縮する。受粉はトルコギキョウの日持ちを短縮する大きな要因であり、

❶ トルコギキョウの老化に及ぼすエチレン処理の影響（10 ppmのエチレンを2日間処理した後、4日間保持したときの状態）
矢印がエチレン処理により萎れた花を示す

❷ 柱頭の形態

受粉により花からのエチレン生成は急激に増加する。新鮮重あたりでは、雌しべからのエチレン生成量がもっとも多い。一重品種において、柱頭から葯までの距離には品種間差があり、距離が短い品種は受粉しやすい。また、柱頭の受粉面積が大きいほど日持ちが短くなる。これらのことから、柱頭から葯までの距離が長い形質は、収穫調整時に花粉が多量に付着することによる日持ち短縮を回避するのに有用である。また柱頭が変形して成熟しても開かない品種もある（図❷）。

トルコギキョウの花茎には複数の小花が着いており、開花している花と蕾が混在した状態で収穫、出荷される。トルコギキョウの花弁に含まれる主要な糖質は、グルコースとスクロースである。フルクトースはほとんど含まれていない。一重品種において小さな蕾から完全に花弁が展開するまで、糖質量は30倍以上に増加する。このように開花には多量の糖質を必要とし、糖質を処理すると蕾の開花率が向上する。また切り花に糖質を処理すると、品質保持効果が得られる。

トルコギキョウ切り花を水に挿しておくと、切り花全体が著しく萎凋することがある。これは、導管が気泡や細菌などで詰まったためと考えられる。トルコギキョウ茎の水通導性（水の通りやすさ）は、単なる水に生けただけでは著しく低下する。抗菌剤を添加することにより水通導性の低下は緩やかになる（図❸）。

2 品質管理

生産者段階 トルコギキョウ切り花の日持ちと栽培環境との関係は明らかにされていない。しかし、バラと同様に高湿度環境での栽培は、収穫後の蒸散過多により日持ちの短縮を引き起こす可能性がある。また、高湿度環境では灰色かび病の

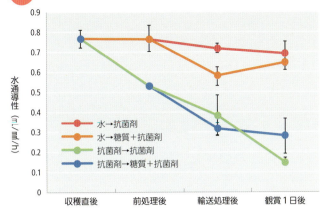

❸ 前処理および輸送処理がトルコギキョウ切り花の茎の水通導性に及ぼす影響

＊前処理液（24時間）→輸送処理液（24時間）、観賞時は水を使用

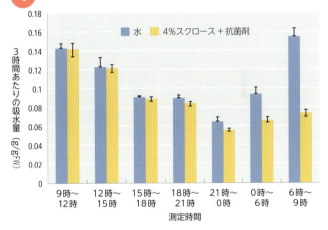

❹ トルコギキョウの3時間あたりの吸水量

＊切り花を9時から水または4％スクロース＋抗菌剤に生け、3時間ごとの吸水量を測定

発生を助長する。そのため、適宜換気を行なうなど、高湿度環境を避けることが必要である。

収穫後の切り花の水揚げには抗菌剤が入った溶液を用いることで、その後の水通導性の低下を抑えることができる。STS剤を使用した場合も、硝酸銀による抗菌効果がある程度は期待できる。切り花は収穫直後に著しく水を吸収するが、その後、吸水量は低下していく。また、午前中から午後3時までの切り花新鮮重あたりの吸水量が多いことから（図❹）、収穫は午前中の早い時間に行ない、できる限り速やかに処理液で水揚げを行なうことで、前処理剤が効率よく吸収さ

れると考えられる。

STS剤の前処理により日持ちが長くなる。処理濃度は0.2mMが一般的である。12時間処理では0.2～0.4mMの処理で切り花の日持ちが長くなる。また、STS剤の効果を安定的に得るには、切り花全体で4.5～13.2μmol/100gFWの銀が必要と考えられる。ただし、0.8mM以上のSTS剤処理では葉が褐変する薬害が発生する恐れがある。

上記の試験結果の多くは一重品種で実施されたものである。八重系品種において、0.2mMのSTS剤を処理後、花器の部位別に銀量を測定すると、花弁に含まれる銀量は雌しべ等と比較して相対的に低い。花弁に含まれる銀量が多いほど花の日持ちは長くなる傾向があるため、現在主流の花弁数の多い八重系品種においては、STS剤の処理濃度などについて再検討する必要があるかもしれない。

⑤ トルコギキョウの日持ちに及ぼすスクロース、STS剤およびアブシシン酸（ABA）の前処理と輸送中のスクロース処理の効果（日持ち検定開始後14日目）

STS剤は日持ち延長や抗菌効果が得られる一方で、蕾の開花促進や花色の向上にはほとんど効果がない。糖質は開花促進や花色向上に有効であることから、STS剤と糖質を組み合わせた処理もトルコギキョウ切り花の品質向上に有効である。

生産者段階の短期間処理では糖質の濃度は高いほど品質向上に有効である。グルコース、フルクトース、スクロースのいずれを用いても効果はほとんど変わらない。処理濃度は0.8～5％程度であり、高濃度では短期間、低濃度では長期間の処理が望ましい。また、必ず抗菌剤を併用する。

糖質を処理すると葉に障害が発生しやすい。はじめは葉肉部分が水浸状になり、その後褐変し、最終的に枯死する。高濃度の糖質処理を低湿度環境で行なうと、障害の発生が著しい。処理環境の相対湿度を高めると障害の発生を回避できる。また、10μMのアブシシン酸を4％スクロースに添加することにより低湿度環境での葉の障害発生が抑制される（図⑤）。一方、低濃度でも10日以上の長期間または30℃程度の高温環境では障害が発生しやすい。

上白糖5％とクエン酸150ppmを組み合わせた前処理も日持ち延長に効果があることが報告されている。

市販されているトルコギキョウ用前処理剤の主成分はSTS剤と糖質であるが、糖質濃度はあまり高くない。しかし、生産者段階、輸送段階、小売段階で低濃度の糖質を連続して処理することにより消費者段階で日持ち延長効果が得られる。

エチレンの合成阻害剤であるアミノエトキシビニルグリシン（AVG）と合成オーキシンであるナフタレン酢酸（NAA）を組み合わせた前処理により、

⑥ 蕾収穫後に開花させた大輪八重系トルコギキョウでみられる花弁の着色ムラ

トルコギキョウ切り花の日持ちが著しく長くなることが見出されているが、薬剤が高価であるなどの理由で実用化はされていない。

　トルコギキョウ切り花を、花弁が緑色の蕾の状態で収穫し、収穫後に開花させる研究が進行中である。これにより海外への切り花輸出時の輸送コストの低減が可能になると考えられる。しかし、大輪八重系の品種を用い、蕾段階で収穫して開花させると、花弁の緑色が残る現象（着色ムラ）が起きることがある（図❻）。これは春開花の作型において、立毛時にもみられることがある。これに対し、1mM程度のジャスモン酸メチルを蕾段階で収穫した大輪八重咲きのトルコギキョウに処理することでこの着色ムラが抑制され、開花が促進される（図❼）。24時間程度の短期間の処理によって切り花品質の低下が回避され、十分な品質保持効果が得られる。今後の利用が期待される。

流通段階　水揚げがよいとはいえない品目であるため、湿式輸送で輸送されることが一般的である。湿式輸送により、切り花の萎れが抑制され鮮度が保たれる。湿式輸送時には抗菌剤または糖質と抗菌剤溶液を使用する。輸送温度は15℃程度が望ましい。小売店到着後は切り戻しをした後、糖質と抗菌剤が入った小売店用の品質保持剤に生ける。

消費者段階　水に生けると全身萎凋症状により日持ちが終了することが多い。糖質と抗菌剤を連続処理すると、蕾の開花が促進されるとともに発色も向上し、日持ちが長くなる（図❽）。処理濃度は1％程度で十分な効果が得られる。通常は市販の後処理剤を使用すればよい。

❼ 蕾段階で収穫した花の花弁の着色と展開に及ぼすジャスモン酸メチルの効果

3 日持ち判定基準と品質保持期間

　半数以上の花が萎れるか、著しい退色を起こすか、あるいは花首が垂れた時点で日持ち終了とする（図❾）。

　品質保持剤が処理されるなど品質管理が適切であれば、常温で2週間程度、高温でも10日間程度の日持ち期間が確保できる。

（湯本弘子・水野貴行）

❽ トルコギキョウの日持ちに及ぼす後処理の効果（日持ち検定開始後12日目）

❾

ニホンスイセン

● STSとジベレリンの前処理により日持ちが長くなる

口絵 p.43

1 ニホンスイセンの日持ちに及ぼす前処理の効果（日持ち検定6日目）

1 特徴と収穫後の生理特性

ヒガンバナ科の球根類。地中海沿岸諸国が原産地であり、古く日本にまで渡来し、野生化したものと考えられている。品種はない。栄養状態により八重の花が出現することがある。

露地栽培が主体であり、現在の主産地は千葉県と福井県である。

エチレンに対する感受性があり、エチレン濃度が高い環境下に置かれると花の萎れが引き起こされる。また受粉するとエチレン生成が増大し、花の萎れが促進される。

葉が黄化しやすく観賞価値低下の原因となる。

2 品質管理

生産者段階　なるべく地際から切り、「はかま」と呼ばれる茎の白い部位を長く残すようにする。ジベレリン（GA）により、葉の黄化が抑制される。40mg/L以上の濃度で12〜24時間処理を行なう。0.1mMのSTS剤処理を組み合わせることにより、日持ちはさらに長くなる（図❶）。アルストロメリア用の前処理剤が有効と考えられるが、使用にあたっては濃度など、処理条件の検討が必要である。

流通段階　通常は段ボール箱に横置きにして乾式で輸送される。低温で輸送する必要がある。温度は5℃程度が適当である。

水揚げはよいので、水切りして切り戻せばよい。

消費者段階　水に生けただけで蕾がきれいに開花する。また、後処理剤に含まれる糖質により葉の黄化が助長される。したがって、後処理剤は使用しないほうが無難である。

観賞環境が高温では日持ちの短縮は著しいため、そのような環境は避けて観賞することが望ましい。

スイセンの切り口からは他品目の日持ちを短縮させる多糖類が分泌されるため、他の品目と同じ花びんには生けないほうがよい。

3 日持ち判定基準と品質保持期間

半数以上の小花が萎れるか、葉が著しく黄変した時点で日持ち終了とする（図❷）。

品質保持剤処理などの品質管理が適切であれば、常温で1週間程度の品質保持期間を確保できる。

（市村一雄）

ハイブリッドスターチス

エチレン阻害剤と糖質を含む専用の前処理剤と後処理剤の併用により日持ちが長くなる

1 ハイブリッドスターチスの日持ちに及ぼす後処理の効果（日持ち検定7日目）

1 特徴と収穫後の生理特性

Limonium latifolium（ラティフォリア）と *L.belliidifolia*（カスピア）などとの種間交配により作出された品種群を指す。四季咲き性の強い宿根草。添え花として利用される。ここではブルーファンタジア系について記載する。スターチスシヌアータとは異なり、主に観賞の対象となる着色している器官は花弁である。現在の主産地は北海道、長野県、和歌山県、高知県などであるが、生産は減少傾向である。

エチレンに対する感受性は高い。また、エチレン生成量は老化に伴い増加するとともに、エチレン阻害剤の処理により老化が遅延する。

2 品質管理

生産者段階 開花が始まってから数日後のほぼ満開状態に見えるようになったときが収穫適期とされている。

エチレン阻害剤によりすでに開花した小花の寿命を長くするとともに、糖質の処理により蕾の開花を促進することが基本となる。0.05mM STS剤と10％ スクロースならびに0.05％ トゥイーン20（界面活性剤）を10〜20時間処理すると、高い品質保持効果が得られる。エチレン合成阻害剤であるアミノイソ酪酸（AIB）はSTS剤より品質保持効果が高い。通常はハイブリッドスターチス用の前処理剤を使用すればよい。

流通段階 乾式で出荷されることもあるが、湿式で出荷することが望ましい。輸送用の品質保持剤を用い、5〜10℃程度の低温で輸送を行なう。湿式輸送時に糖質と抗菌剤を主成分とする品質保持剤処理は、輸送後の開花促進に効果がある。

消費者段階 水揚げは比較的容易であり、水切りして切り戻せばよい。

糖質と抗菌剤の連続処理により蕾の開花が促進され、日持ち延長に効果を示す（図❶）。通常は市販の後処理剤を使用すればよい。

3 日持ち判定基準と品質保持期間

半数以上の小花が萎れた時点で日持ち終了とする（図❷）。

品質保持剤処理など品質管理が適切であれば、常温で1週間程度、高温で5日間程度の品質保持期間を確保できる。

（市村一雄）

2

バラ

一般に日持ちは短いが、後処理により日持ちが長くなる

口絵 p.27

特徴と収穫後の生理特性

バラ科の木本類。世界でもっとも生産が多く、国内でもキク、ユリに次いで3番目に生産額が多い花きである。

スタンダードタイプとスプレータイプに大別され、そのうち約80％がスタンダードタイプ。現在もっとも主要な品種は赤色の'サムライ08'である。以前は剣弁高芯タイプの品種が主体であった。現在はオールドローズタイプの品種も増えつつあるが、品種が多様化している。芳香性がある品目として知られているが、最近は芳香性がない品種が多い。'イブピアッチェ'など芳香性のある品種の多くは、日持ちがよいとはいえない。日本国内でも育種は行なわれているが、現在流通している品種の多くは海外で育種されたものである。

高度に環境制御された施設内で生産されている。暖地では、以前は夏期には生産しないことが一般的であったが、現在ではヒートポンプとパッドアンドファンの導入により、夏期も生産することが一般的となっている。

土耕以外に、ロックウールなどの培地を用いた養液耕で生産されることも多い。また、仕立て方として、通常の切り上げ方式以外にアーチング式およびハイラック式がある。

日本国内の生産量は減少傾向にある。現在、生産は愛知県がもっとも多く、他に静岡県、山形県、福岡県、大分県などが主産地である。輸入切り花の割合は年々上昇していたが、最近は停滞気味であり、2015年現在の輸入の割合は約20％である。輸入の相手国はケニアが圧倒的に多く、コロンビアがこれに次ぐ。

以前は日持ちが短い代表的な品目であったが、育種により日持ち性は徐々に改良されてきている。'ミントティー'のように日持ちのよさに定評がある品種もあるが、品種間差が大きい（図❶）。

蕾の状態で収穫することが一般的である。蕾が開く過程で、花弁を構成する細胞が肥大し、花弁が成長する（図❷）。細胞の肥大にはエネルギー源および浸透圧調節物質として多量の糖質が必要である。しかし、通常の切り前で収穫すると、花弁に蓄積している糖質はわずかである。茎や葉に貯蔵されている糖質を加えても開花に十分な糖質を供給することができない。また、切り花の状態では光合成による糖質の獲得は期待できない。したがって、通常の切り前で収穫した切り花では、糖質を処理することなしには株についたような状態の開花を期待すること

❶ 日持ちの長いバラ品種'ミントティー'

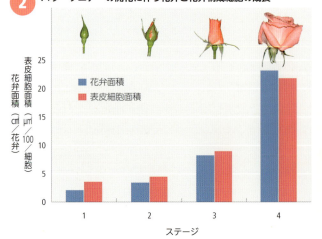

❷ バラ'ソニア'の開花に伴う花弁と花弁構成細胞の成長

はできない。

　単なる水に生けただけでは「ブルーイング」を起こすことが多い。花弁が青みがかる現象のことで、ピンク色の花弁は紫がかり、赤色の花弁は黒ずんで見える。原因は糖質の不足による花弁細胞中のpHの上昇と考えられている。実際、糖質を処理することによりブルーイングの発生を抑えることができる。

　バラは水揚げが悪い代表的な品目でもある。水揚げが悪化する原因は蒸散過多と導管閉塞である。葉を除いた切り花は蒸散量が著しく低下するため、水揚げが良好となり、花柄上部で花首が垂れるベントネックを起こしにくい。

　導管閉塞のもっとも重大な要因と考えられているのは細菌の増殖である。抗菌剤により導管閉塞が抑えられること、細菌を生け水中に添加すると導管が閉塞し、日持ちが短縮すること、導管内に細菌が増殖していることが、その根拠となっている。細菌以外では、切り口の気泡および傷害反応などの生理的な要因が関与すると考えられている。

　エチレンに対する感受性は比較的高いが、品種間差がある。感受性が高い品種では1ppmのエチレンを24時間処理すると落弁あるいは萎れが促進される。最近の主要品種である'サムライ08'はエチレンに対する感受性が比較的高いため、取り扱いには注意が必要である（図❸）。

2 品質管理

❸ バラ'サムライ08'切り花の老化に及ぼすエチレン処理の影響（10ppmのエチレンを3日間処理した直後の状態）

生産者段階　バラを高湿度条件で栽培すると、葉の気孔の開閉能が阻害され、常時開いた状態となり、水分の損失量が増加する。その結果、吸水量が損失量に追いつくことができず、水分状態が悪化し、日持ちが短縮しやすい。逆に低湿度条件で栽培した場合は気孔の開閉能が正常に保たれ、日持ちが長くなる。例えば、'ローテローゼ'を低湿度条件（60％）と高湿度条件（85％）で栽培した場合、日持ちはそれぞれ7.4日および4.6日となり、他の多くの品種でも同様の結果が得られている。

　また、冬期に収穫したバラ切り花の日持ちは短い場合が多いことが経験的に知られている。実際に'ローテローゼ'では、冬期のほうが夏期よりも蒸散量が多く、日持ちが短いという結果が得られている。日持ちは収穫前7日間の相対湿度と密接な関係があり、相対湿度が高いと蒸散量が増加し、日持ちが短くなりやすいことが明らかにされている。したがって、冬期に日持ちが短い原因は気温が低いことではなく、施設内の相対湿度が高いことにより気孔の開閉能が阻害された結果である可能性が高い。

　バラは一般的な土耕のほか、ロックウール等を利用した養液耕で栽培される場合も多い。土耕とロックウール耕では切り花の日持ちには差がないとする報告が多数あるが、著者が調べた結果、ロックウール耕の日持ちがやや短くなる傾向が認められた。一般に養液栽培は生育が旺盛になる傾向がある。そのため、葉が

大きい品種を養液栽培した場合には、葉がさらに大きくなりやすい。蒸散量は葉面積と比例するので、葉が大きい切り花では、蒸散過多により水揚げが悪化し日持ちが短縮しやすい。養液栽培では葉の生育が過剰とならないように注意が必要である。

灰色かび病も日持ち短縮の大きな原因である。灰色かび病に罹病すると、後処理剤を処理しても落弁が促進され、十分な品質保持期間を確保することができない。生産施設内の除湿を行なうとともに、防除を徹底することが必要である。

収穫は、朝夕の涼しい時間帯に行なう。容器と水は清潔なものを使用し、収穫後は、冷蔵庫内でただちに水揚げする。スタンダード系では外側の花弁が展開し始めた段階が、スプレー系では半数以上の小花が上記の段階に達した時点が、標準的な切り前である。収穫の開花ステージが早すぎると十分に開花しないだけでなく、ベントネックが発生しやすくなる。

スクロースと抗菌剤は処理する時間が短いと品質保持効果が小さい。しかし、湿式輸送中も処理を継続し、2日間以上処理すると相当の品質保持効果を示す（図④）。また、スクロースをはじめとする糖質は他の薬剤と異なり、ブルーイングの発生を抑えることができる。

バラ専用の品質保持剤には、RNA加水分解物、硝酸銀およびトリスヒドロキシメチルアミノメタンから構成される処方およびポリ2-ヒドロキシプロピルジメチルアンモニウムクロライド（PHPAC）があり、いずれも短期間処理により品質保持に効果を示す。しかし、これらの前処理剤は費用対効果の点で課題があり、現在ではほとんど使用されていない。

流通段階 乾式で輸送すると日持ちが短縮しやすい。とくに輸送中の温度が高く、輸送時間が長いほど日持ちの短縮が著しい。また、花も開きにくくなる。一方、湿式輸送では、日持ちは短縮しにくい。バラ切り花には湿式輸送が適しており、実際に湿式で輸送されることが一般的となっている（図⑤）。湿式輸送では、輸送温度は高温期では10〜15℃程度、他の時期は5〜10℃程度が適当である。乾式輸送では、輸送温度が高いと日持ちの短縮が著しいため、湿式輸送よりも輸送温度を低下させることが必要である。

湿式輸送では、最低限、抗菌剤溶液を

④ バラ'ローテローゼ'切り花の品質保持に及ぼす前処理と輸送中処理の効果（日持ち検定開始後7日目）

⑤ バケット輸送により出荷されたバラ切り花

6 バラ'サムライ08'切り花の品質保持に及ぼす後処理の効果（日持ち検定開始後12日目）

7 高温（30℃）で保持したバラ'パリ'切り花の品質保持に及ぼす後処理の効果（日持ち検定開始後8日目）

用いるべきである。抗菌剤を含む2％程度のスクロース溶液で処理しながら湿式輸送すると、品質保持効果はさらに高まる。

乾式輸送では切り戻しが不可欠である。

消費者段階 糖質と抗菌剤の連続処理が日持ち延長に効果がある。抗菌剤ではイソチアゾリノン系抗菌剤（ケーソンCG）が有効であり、濃度は0.5ml/Lが適当である。硫酸アルミニウムを50mg/L組み合わせると抗菌効果が高まる。抗菌剤のみでもベントネックの発生を防止し、品質保持期間が長くなる。一方、8-ヒドロキシキノリン硫酸塩（8-HQS）は毒性が高く、むしろ日持ちを短縮する品種もある。

抗菌剤にグルコースあるいはフルクトースを添加することにより花が大きくなり、ブルーイングの発生も抑制され、株についた状態の花と同じような形態を示す（図6）。糖質と抗菌剤の連続処理は高温条件でも日持ちを著しく延ばすことができる（図7）。スクロースの効果はグルコースあるいはフルクトースよりも劣るが、その理由はわかっていない。糖質の濃度は1〜2％が適当であり、濃度が高いと葉に薬害が起こりやすい。なお、市販の後処理剤は、品種によっては薬害を生じる場合がある。とくに'ローテローゼ'ではその傾向が著しいので注意が必要である。

低湿度条件下では、蒸散による水分の損失が著しく、ベントネックが発生しやすくなるため、湿度は比較的高いほうが望ましい。葉枚数が多いと蒸散による水分損失が大きくなるため、できる限り葉枚数を少なくしたほうがよい。

観賞時の温度が高いほど日持ちは短くなる。したがって、涼温環境で観賞することが望まれる。ただし、温度が極端に低いと後処理剤を用いても花弁の展開が阻害されるため、注意が必要である。

連続照明下では気孔が開いて蒸散が促進される。その結果、水揚げが悪化し日持ちが短縮しやすい。そのため、暗くなる時間帯を設けることが必要である。

3
日持ち判定基準と品質保持期間

花弁が萎れるか、ベントネックを起こすか、著しく退色するか、落弁した時点で日持ち終了とする（図8）。スプレータイプの場合は、上記症状が半数以上の小花においてみられた時点で日持ち終了とする。

品質保持剤が処理されるなど品質管理が適切であれば、常温で10日間程度、高温で7日間程度の品質保持期間を確保できる。

（市村一雄）

8

パンジー

後処理により蕾の開花が促進され、日持ちが長くなる

口絵 p.45

1 特徴と収穫後の生理特性

スミレ科の一年草で原産地はヨーロッパ。秋から春まで花壇の定番草花で、プランターや鉢植え、ハンギングなど幅広く用いられる。非常に多くの品種があり、花の大きさや色、形などバラエティーに富む。切り花には、花壇用で草丈が伸びるタイプの品種を用いる。パンジーとビオラは花の大きさの違いだけで、小さいものを一般にビオラと呼んでいる。

切り花は主に1月から3月にかけて流通する。主な産地は、群馬県、千葉県、和歌山県、高知県、宮崎県などである。

出荷時に咲いていた花は、常温では3日程度で萎れる。水に生けても2番花まで咲くことが多いが、糖質と抗菌剤の連続処理により蕾の開花が促進され、4番花まで遜色のない花を咲かせることができる。

エチレンに対する感受性は認められる。ただし、感受性は比較的低く、エチレンの連続処理で1日程度花弁の萎れが早まる程度である。

2 品質管理

生産者段階 小花が数輪咲いた段階で収穫し、水揚げする。とくに前処理せずに出荷される。エチレンに対する感受性があるため、STS剤処理の効果を検討することが必要である。

流通段階 乾式輸送が一般的である。花びらが傷つきやすいため取り扱いに注意する。また高温条件は日持ちの短縮が著しいため、5～10℃程度の低温で管理することが必要である。

消費者段階 糖質と抗菌剤の連続処理により蕾の開花が促進され、日持ちを著しく延ばすことができる（図❶）。通常は市販の後処理剤を使用すればよい。

高温条件は日持ちの短縮が著しいため、そのような環境を避けて観賞することが望まれる。

3 日持ち判定基準と品質保持期間

咲いている小花がなくなった時点で日持ち終了とする（図❷）。

後処理剤を用いるなど品質管理が適切であれば、常温で1週間以上の品質保持期間を確保できる。ただし、出荷時に咲いていた花は3日程度で萎れる。

（渋谷健市）

❶ パンジーの品質保持に及ぼす後処理の効果（日持ち検定12日目）

❷

ビブルナム

エチレンに対する感受性が高く、日持ちが比較的短い

図1 ビブルナム'スノーボール'切り花の開花に及ぼすグルコース処理の効果（処理後、水に移し5日目の状態）

1 特徴と収穫後の生理特性

スイカズラ科の木本類花き。切り花としては、'スノーボール'、'ティヌス'、'コンパクタ'および'オオデマリ'が流通している。このうち、'スノーボール'が他よりも流通量が圧倒的に多いため、ここでは'スノーボール'について解説する。

'スノーボール'は出荷時には淡い緑色をしているが、次第に白色となる。エチレンに対する感受性は高く、エチレンの処理により落弁する。

'スノーボール'は水揚げが悪化しやすい品目であるが、導管がふさがれる原因はよくわかっていない。

2 品質管理

生産者段階 花弁が萌黄色で完全に開花する前の時点で収穫する。

水揚げが悪いため、ブバルディア用の前処理剤で処理した後、湿式で出荷される。

STS剤の処理により落弁が抑制されるが、葉が障害を受けやすく、安定的な処理技術は確立されていない。

露地で栽培されることが一般的であるため、出荷時期が限られるが、抑制出荷技術が開発されている。具体的には蕾がかなり未熟の段階で収穫し、枝物用前処理剤に生け1℃で約2カ月間貯蔵する。貯蔵後、切り枝を糖質と抗菌剤の液に生け、常温で約2週間保持し開花を促す。通常の出荷時期は5月下旬から6月中旬であるが、この処理を行なうことにより7月に出荷することが可能である。

花を大きく開花させるためにはグルコースあるいはスクロースなどの糖質処理が必要である。糖質の濃度は1%でよい。開花管理中に約2週間の糖質処理を行なうことにより、処理後水に生けた場合でも、花を大きく開花させることができる（図1）。

流通段階 水揚げが問題になることに加えて、花が球状で傷つきやすいため、湿式輸送が一般的になっている。

消費者段階 水に生けただけでは水揚げが阻害される。糖質と抗菌剤の連続処理により日持ちが長くなる。通常は市販の後処理剤を使用すればよい。

3 日持ち判定基準と品質保持期間

半数以上の小花で落弁が始まるか、切り花全体が萎れた時点で日持ち終了とする（図2）。

品質管理が適切であれば常温で1週間程度、高温で5日間程度の品質保持期間を確保できる。

（市村一雄）

図2

ヒペリカム

後処理剤により日持ちが長くなる

口絵 ▷ p.45

1 特徴と収穫後の生理特性

オトギリソウ科の木本類で、原産地は西ヨーロッパと北米。実つき枝物の代表的な存在である。黄色い花弁が散った後、果実が結実する。結実した果実が肥大・着色した後、切り枝として利用する。果実は赤色、黄色、緑色など、果色が異なるさまざまな品種がある。

長野県、高知県などで露地栽培され、夏期に出荷されているが、ケニアやエクアドルからの輸入が多い。輸入のシェアは少なくとも70％を超えており、周年市場に供給されている。葉物として利用する場合もある。

エチレンに対する感受性は低く、品質保持にエチレンは問題にならないとみなされる。

糖質の連続処理により果実の老化が遅延することから、糖質の不足が果実の老化に関係していると考えられる。

2 品質管理

生産者段階 3分の2以上果実が発色した時点で収穫する。日持ち延長に効果のある前処理剤は開発されていないこともあり、STS剤をはじめとする前処理剤は処理されずに出荷することが一般的である。

流通段階 乾式で輸送されることが多いが、葉が萎れやすいため、湿式で輸送されることもある。

消費者段階 ヒペリカムは果実が褐変し、さらに萎れることにより観賞価値を失う。糖質と抗菌剤の連続処理により果実の褐変が抑制され、日持ちを2倍近く延ばすことができる（図❶）。通常は市販の後処理剤を使用すればよい。後処理により葉の褐変がやや促進されやすいという欠点はあるものの、現在、日持ち延長にもっとも有効な方法といえる。

3 日持ち判定基準と品質保持期間

半数以上の果実が萎れた時点で日持ち終了とする（図❷）。

品質保持剤処理などの品質管理が適切であれば、常温で2週間程度、高温で10日間程度の品質保持期間を確保できる。

（市村一雄）

❶ ヒペリカムの日持ちに及ぼす後処理の効果（日持ち検定15日目）

対照　　　後処理

❷

ヒマワリ

● 有効な前処理剤は開発されていないが、後処理剤により日持ちが長くなる

1　後処理がヒマワリ切り花の日持ちに及ぼす効果（日持ち検定12日目）

口絵 p.30

1　特徴と収穫後の生理特性

キク科の一年草で、原産地はメキシコ。夏の花壇用花きとして非常にポピュラーである。花茎があまりに巨大であるため、かつては切り花として利用されることはほとんどなかった。しかし、'サンリッチ'をはじめとした小輪で花茎が細い切り花用品種が育成され、普及したことでヒマワリは人気切り花品目に成長した。栽培は比較的容易で、温度条件が適当であれば、播種後2カ月以内に収穫することができる。現在の主産地は千葉県、北海道、青森県、愛知県などである。

常温で保持した場合、日持ちは1週間から10日程度と必ずしも長いとはいえない。また、夏期を中心に生産される品目であるが、高温条件では日持ちはかなり短縮する。

エチレンに対する感受性は低い。また、水揚げが大きな問題になることはない。

2　品質管理

生産者段階　水と肥料を極力抑えて栽培する。

通常は舌状花弁が開き始めた時点で、早朝に鎌を用いて収穫し、花序直下以外の葉はすべて取る。

エチレンに対する感受性は低く、STS剤の品質保持効果は期待できない。また、抗菌剤を処理しても、その後の日持ちを延ばすことはできない。このように日持ち延長に卓効のある前処理剤は開発されていない。

流通段階　乾式で輸送されることが多いが、最近は湿式で輸送されることもある。湿式輸送を行なっても、乾式輸送よりも日持ちの延長はあまり期待できないが、荷傷みを避けることができる。

水揚げはよく、切り戻せばよい。

消費者段階　現在、ヒマワリ切り花の品質保持にもっとも効果的な方法は糖質と抗菌剤の連続処理である。糖質と抗菌剤の処理により日持ちを1.5倍弱長くすることができる（図1）。糖質と抗菌剤の処理は高温条件で観賞した場合にも有効である。通常は市販の後処理剤を使用すればよい。

高温条件では日持ちの短縮が著しいため、観賞環境はできるだけ涼温が望ましい。

3　日持ち判定基準と品質保持期間

舌状花弁の萎れにより観賞価値を失う（図2）。

品質保持剤処理などの品質管理が適切であれば、常温で1週間以上、高温で5日間以上の品質保持期間を確保できる。

（市村一雄）

2

フリージア

口絵 p.46

●エチレンに対する感受性は低い。後処理により日持ちが長くなる

1 特徴と収穫後の生理特性

アヤメ科の球根類。原産地は南アフリカ南部のケープ地方。花色が黄色や白色の品種は香りがよいものが多い。主に施設内で生産され、冬期から早春期に出荷される。現在は茨城県が主産地となっている。生産は年々減少している。

エチレンに対する感受性は低い。また、エチレン生成量は老化する過程でほとんど増加しない。ただし、蕾はエチレンにより開花が抑制されることが知られている。

2 品質管理

生産者段階 第1花が開き始める前が収穫適期である。STS剤の前処理により蕾の開花が多少促進されるが、すでに開花した花の日持ちを延ばす効果はなく、実用性は低い。また、日持ち延長に効果のある前処理法は開発されていない。ユリ、グラジオラス、ダッチアイリス切り花などの日持ち延長に効果のある球根用前処理剤の効果を試みることが必要である。

流通段階 乾式で輸送される場合が多い。輸送温度は2〜5℃が適当であり、この温度であれば日持ちにはほとんど影響しない。最近はバケットを用いて輸送されることもある。

水揚げはよい。通常は切り花基部を切り戻し、水道水に生けて再吸収させればよい。

消費者段階 フリージアは多数の蕾がついており、水に生けただけでは、花穂上部の小さな蕾は開花しにくい。糖質と抗菌剤を主成分とする後処理を行なうことにより小さな蕾を開花させることが可能である。後処理により開花した花が大きくなるだけでなく、開花している花の数も増え、結果として日持ちは長くなる（図❶）。

低温性の花きであり、25℃を超えるような高温条件に切り花を置くと、すでに開花している花の日持ちが短縮するだけでなく、蕾からの開花が完全に阻害される。そのため、高温にならないような場所で観賞することが必要である。

3 日持ち判定基準と品質保持期間

花被の萎れにより観賞価値を失う。開花している小花が2輪以下になった時点で日持ち終了とする（図❷）。

適切に品質管理された切り花では、常温で1週間程度の品質保持期間を確保できる。

（市村一雄）

❶ フリージア切り花の日持ちに及ぼす後処理の効果（日持ち検定10日目）

❷

ブルースター

エチレンに対する感受性が高く、STS剤の前処理と後処理の併用により日持ちが長くなる

口絵 p.46

1 特徴と収穫後の生理特性

ガガイモ科の宿根草。原生地はブラジルとウルグァイである。本来の花色は水色であるが、高知県の個人育種家により白色および桃色の品種に加えて、八重や半八重の品種も作出されている。現在の主産地は高知県と長野県である。

エチレンに対する感受性は高く、エチレン処理により花弁の萎れが促進される。

花の老化に伴い、水色から桃色に退色するが、これは糖質処理により抑制されることから、この現象には糖質の関与が示唆される。

切断すると白色の汁液が溢泌する。これが固化すると水揚げが阻害される。また、汁液が手に触れるとかぶれる場合があるので、取り扱いには注意が必要である。

2 品質管理

生産者段階 小花が5～6輪開花した時点で収穫することが一般的である。切り口から溢泌した汁液を洗い流した後、熱湯あるいは温水を用いてただちに水揚げを行なう。熱湯の場合は10～20秒切り口を浸す。60℃程度の温水では切り口を浸し、自然に冷えるまで揚げる。

0.2mM STS剤の12～24時間程度の処理で、日持ちが長くなる。スクロースを組み合わせると品質保持効果が高まるが、濃度が3％以上では葉に薬害が生じやすい。

水揚げがよいとはいえないため、湿式で出荷することが必要である。

流通段階 湿式により10～15℃程度の低温で輸送することが必要である。

切り戻した後、スポンジなどを用いて切り口を洗いながらこする。これにより汁液の溢泌が止む。

消費者段階 糖質と抗菌剤の連続処理により蕾の開花が促進されるとともに発色も向上し、日持ちが長くなる（図❶）。通常は市販の後処理剤を使用すればよい。

3 日持ち判定基準と品質保持期間

退色を起こさず、正常に開花している小花数が試験開始時の開花数の半数以下になった時点で日持ち終了とする（図❷）。品質保持剤処理などの品質管理が適切であれば、常温で10日間以上、高温で1週間以上の品質保持期間を確保できる。

（市村一雄）

❶ ブルースター切り花の日持ちに及ぼす後処理の効果（日持ち検定13日目）

❷

ユリ

●OH系ではサイトカイニン剤、LA系ではSTS剤の前処理が品質保持効果を示す

口絵 p.31

1 特徴と収穫後の生理特性

ユリ科の球根類。日本を含む東アジアが主な原生地で、ヤマユリやカノコユリ、タモトユリなどの交配による品種群をオリエンタルハイブリッド（OH）という。LAハイブリッドはロンギフローラムハイブリッド（LH：テッポウユリの園芸種）とアジアティックハイブリッド（AH：スカシユリの園芸種）の交配による品種群を指し、切り花の流通量ではLA系がAH系をしのいでいる。現在の主産地は新潟県、埼玉県、高知県などである。

通常の切り前は第1小花蕾の緑色が消えて発色が始まった頃であるが、高温期には低温輸送下においても開花速度が速まり流通時に開花してしまうため、これより早い段階で収穫する必要がある。ただし、より早い段階で収穫された蕾ほど開花した花は小さくなり、日持ちも短くなる傾向がある。花色も淡くなりやすい。また、LA系では上位の小さな蕾が開花せず、座止しやすくなる。

エチレンに対する感受性は一般に低い。AH系のエチレンに対する感受性はOH系やLH系のそれよりもやや高い。

23℃前後の条件下では一つの小花の日持ちは、OH系で4〜6日程度、LA系で2〜4日程度である。小花数が多いほど切り花全体の日持ちは長くなる。近年、各小花の開花の間隔が短い「同時開花性」品種が増加しており、結果として、切り花の日持ちの短い品種が増えつつある。

2 品質管理

生産者段階 輸送時の花被の損傷と開葯花粉による花被の汚れを避けるため、すべての小花が開花していない状態で収穫する。

高温期の日中の収穫は、擦れなどにより蕾に傷害が発生しやすいので、涼しい時間帯に収穫する。また、OH系品種を高温期に収穫後、直接5℃程度の低温下で保管・輸送すると花被に壊死（花しみ）が発生することがある。収穫後、10℃で湿式15時間または乾式24時間の予冷を行なうと発生を軽減できる。

OH系では、サイトカイニン剤である6-ベンジルアミノプリン（BA）の25mg/L程度の水溶液を前処理することで小花の日持ちが2日程度長くなるが、花被の発色（とくにアントシアニン系）が不良となる（図❶、

❶ OHユリ'マレロ'の日持ちに及ぼす品質保持剤処理の効果（開花後7日目）

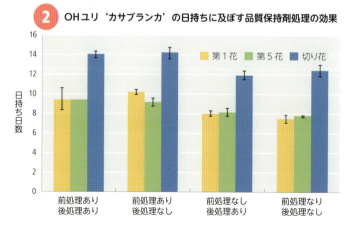

❷ OHユリ'カサブランカ'の日持ちに及ぼす品質保持剤処理の効果

②）。また、LA系では、0.2mM STS剤水溶液の前処理により、上位の小さな蕾の開花率が向上し、切り花の日持ちが長くなる（図❸、❹）。

　いずれの品種群も、花の日持ちが長くなると観賞中に葉の黄化が発生する。また、糖質の後処理により葉の黄化が助長されるが、ジベレリン（GA）やBAの前処理が葉の黄化抑制に効果がある。

　したがって、OH系ではBAとGAを含有していると想定される球根切り花用の前処理剤が、LA系ではSTS剤とGAを含有したアルストロメリア用の前処理剤がそれぞれ有効と考えられるが、使用にあたっては希釈倍率や処理時間などの検討が必要である。

　水揚げはきわめてよく、25℃、2時間で切り花重量の5％程度を吸水する。流通時の開花を抑制するため、乾式で出荷する。八重咲き品種は蕾の段階で収穫すると開花しないものが多いので、これらの品種は開花した状態で収穫し、花被の損傷を避けるため湿式・縦箱で出荷することが必要である。

流通段階　輸送温度は5℃程度が適当であるが、高温期は事前に予冷を行なうか、10℃程度で輸送する。高温期の10℃輸送では蕾の咲き進みに注意し、切り前を調節する。

　水揚げはよく、切り戻せばよい。

消費者段階　糖質と抗菌剤の連続処理により蕾の開花が促進されるとともに発色も向上し、上位の蕾も大きく開花する。通常は市販の後処理剤を使用すればよい。OH系ではBA剤の前処理による発色不良の改善効果が認められ、LA系ではSTS剤の前処理と相乗的に小花開花率が向上し、切り花の日持ちがさらに長くなる。ただし、いずれの品種群も後処理により葉の黄化が促進されるため、GAを含む剤による処理が必須となる。

❸　LAユリ'アラジンズデジール'の日持ちに及ぼす品質保持剤処理の効果（開花後7日目）

❹　LAユリ'アラジンズデジール'の開花に及ぼす品質保持剤処理の効果

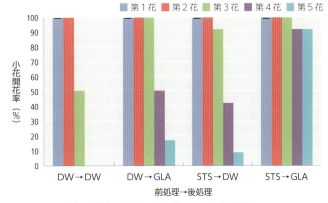

＊DW：蒸留水、GLA：1％グルコースと抗菌剤

3 日持ち判定基準と品質保持期間

　退色を起こさず開花している小花数が2輪未満になるか、葉が著しく黄変した時点で日持ち終了とする（図❺）。

　品質保持剤処理などの品質管理が適切であれば、系統・品種にもよるが約10日間の品質保持期間を確保できる。

（宮島利功）

❺

ラナンキュラス

●抗菌剤、糖質＋抗菌剤、球根用後処理剤により日持ちが長くなる

口絵 ▷ p.33

① 茎が腐敗して折れた状態

特徴と収穫後の生理特性

キンポウゲ科の宿根草で、球根を形成する。原生地は中近東からヨーロッパ東南部にかけてである。高温耐性が低く、冬から春にかけて流通する。花色は、赤、桃、白、黄など豊富である。種子から栽培する品種と、芽だし球根を植えつけて栽培する栄養系品種がある。綾園芸の草野氏により主茎が長く、切り花向けの画期的な品種が育成され、人気切り花品目となった。野生種との交雑により、光沢の花弁をもつ「ラックスシリーズ」と呼ばれる品種群も育成されている。現在の主産地は宮崎県、長野県、香川県、長崎県などである。

以前は多数の蕾が着いたスプレータイプのような出荷形態が主体であったが、現在では脇芽は除去し、ほぼ1輪のみとして出荷することが多くなっている。

花茎が伸長するとともに、花弁の開閉を繰り返す過程で花弁が成長する特徴をもつ。蕾段階で収穫すると茎が徒長し、茎折れが発生する。一方で、収穫が遅すぎると花弁が落下して品質低下が起きる。最適な切り前で収穫することが観賞期間を確保するために重要である。

早期収穫時の茎折れとは異なり、適正な切り前で収穫したにもかかわらず、流通過程および観賞時に茎が腐敗して折れることがある（図❶）。これは、*Pseudomonas marginalis* によるラナンキュラス球根腐敗病と考えられる。灰色かび病による花しみも春先に発生がみられる。圃場の衛生管理でこれらの病気の持ち込みを防ぐことも、切り花の品質向上につながる。

エチレンに対する感受性があり、エチレン処理により落弁が促進される（図❷）。花弁が緑色の品種ではエチレンにより黄変が進む。エチレンに対する感受性には品種間差がみられる。10 ppmのエチレンで処理すると、感受性が高い品種では処理開始後2日目には落弁が起こるが、落弁がほとんど促進されない品種もある。老化時に花弁および花床からエチレン生成が急激に増加する。新鮮重あたりのエチレン生成量は花床がもっとも多い。このように、花の老化にエチレンが関与している可能性が高い切り花であるが、STS処理の日持ち延長効果はあまり大きくない。

観賞温度が10℃では2週間以上日持ちするが、20℃を超えると日持ちが短くなる。

② ラナンキュラスの落弁に及ぼすエチレン処理の影響
（10 μL/Lのエチレンを3日間処理したときの状態）
エチレン処理により落弁したため、花が小さく見える

2 品質管理

生産者段階 通常は萼片と花弁が離れた日を基準として、その2～4日後に収穫する。水揚げは比較的よい。水揚げは抗菌剤を含んだ溶液を用いる。

0.2mM STS剤を24時間処理することで品種によっては多少日持ちが長くなる。さらに、サイトカイニンである6-ベンジルアミノプリン（BA）の後処理を組み合わせると日持ち延長効果が若干高まるが、STS処理が必須であるというほどの品質保持効果は得られない。一方、1-メチルシクロプロペン（1-MCP）やアミノエトキシビニルグリシン（AVG）など他のエチレン阻害剤は品質保持効果がみられない。

糖質を前処理で用いることによる日持ち延長効果は判然としない。

流通段階 乾式輸送では萎れやすく、花弁が傷みやすいため、縦箱・湿式輸送が必要である。湿式輸送では抗菌剤を含んだ溶液を用いる。5～10℃程度の低温で管理する。

消費者段階 抗菌剤、糖質と抗菌剤および球根用後処理剤を連続処理することにより日持ちが延長する。各処理液の日持ち延長効果には品種間差がみられる。球根用後処理剤は多くの品種の日持ちを延長させる（図❸、❹）が、溶液に浸かっている茎下部の変色を激しくする。

3 日持ち判定基準と品質保持期間

花弁が萎れるか、落弁するか、または茎折れが発生した時点で日持ち終了とする（図❺）。

適切に管理された切り花では、常温で1週間程度の品質保持期間を確保することができる。

（湯本弘子）

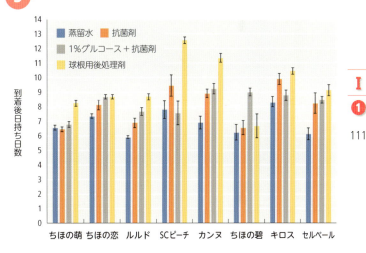

❸ ラナンキュラス8品種切り花の日持ちに及ぼす各種後処理の効果

❹ ラナンキュラス切り花の日持ちに及ぼす後処理の効果（日持ち検定5日目）

❺ 糖質含有前処理剤を用いて湿式輸送した切り花を供試

リンドウ

口絵 p.34

●エチレンに対する感受性があり、ササ系および交雑系はSTS処理により日持ちが長くなる

1 特徴と収穫後の生理特性

リンドウ科の宿根草。リンドウ属は全世界に広く分布する。日本では、北海道から本州中部にかけて自生するエゾリンドウと、本州、四国、九州に自生するササリンドウが原種となっている。花色は青、紫、白、桃色がある。営利生産は1955年頃に長野県で開始されたが、当初は自生株を栽培していた。その後、交配による品種の育成が行なわれるようになり、1977年には'いわて'が最初の品種として登録された。現在では主産地である岩手県をはじめ、福島県、栃木県、岡山県、山口県などの公的機関や民間団体でも盛んに育種が行なわれている。海外の原種を交配親に用い、これまでにない赤色の品種も育成されつつある。

品種は、エゾリンドウを原種とするエゾリンドウ系統（エゾ系）、ササリンドウを原種とするササリンドウ系統（ササ系）および両者の交雑系統（交雑系）に大別される。エゾ系の品種は、7月から10月にかけて流通し、花弁が反転しないものが多い。一方、ササ系は9月から11月にかけて流通し、花弁が反転する。両系統の交雑系品種は中間的な性質をもつ。

露地で生産されることが一般的である（図①）。

エチレンに対する感受性には系統間差がみられる。交雑系とササ系は感受性が高い。とくに、ササ系は感受性が非常に高く、0.5ppm以上のエチレンを24時間処理することにより花の萎れが促進される（図②）。エゾ系もエチレンに対して感受性があるが、ササ系や交雑系に比べるとやや低い。10ppmのエチレンを48時間処理すると花の萎れが促進する。

エゾ系、ササ系ともに受粉により花の萎れが促進する。受粉後、花からのエチレン生成が急激に上昇する。新鮮重あたりでは雌しべからのエチレン生成量がもっとも多い。

リンドウの花弁にはグルコース、フルクトース、スクロース以外にゲンチオビオースという糖質が多量に含まれているが、どのような役割を果たしているかはよくわかっていない。

ササ系および交雑系品種では、STS処理による日持ち延長効果が高い。一方、エゾ系品種はSTS処理による日持ち延長効果がほとんどない。エゾ系では5％スクロース処理やジベレリン処理が日持ち延長に有効であるという報告もあるが、品種によって効果に差がみられる。

2 品質管理

生産者段階 一般的に露地で栽培されるため、訪花昆虫により収穫前に花が受粉して老化が早まることがある。この対策として、4mm目の防虫ネットを設置する、あるいは、通常頂芽が開花した時点が切り前だが、その切り前を早めることが有

① リンドウの栽培圃場（岩手県西和賀町）

国内シェアの約3分の2は岩手県、他に福島県、秋田県、長野県でも生産される

2 ササリンドウ切り花の老化に及ぼすエチレン処理の影響

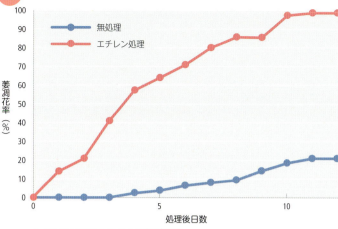

＊10 ppmのエチレンを24時間処理

～15℃の低温で輸送することが望ましい。通常は乾式で輸送されている。しかし、乾式よりも湿式輸送が品質の低下抑制には有効である。小売店では切り戻し後、糖質と抗菌剤が入った溶液で処理することにより、蕾の開花促進や品質保持効果が得られる。

消費者段階 糖質と抗菌剤の連続処理により蕾の開花が促進され、日持ちが長くなる。生け水に抗菌剤が入っていないと水揚げ不良で切り花全体が萎れることがしばしばある。通常は市販の後処理剤を使用すればよい。

3 日持ち判定基準と品質保持期間

日持ち試験開始時に開花していた花の半数以上が退色または萎れた時点で日持ち終了とする（図❹）。

品質保持剤を処理するなど品質管理が適切であれば、常温で10日間以上、高温でも1週間以上の品質保持期間が確保できる。

（湯本弘子）

『切り花の日持ち技術』正誤表

下記のとおり誤りがありました。お詫びして訂正いたします。

93頁上の図（3）中の凡例

誤	正
（赤線）水→抗菌剤	（赤線）抗菌剤→抗菌剤
（橙線）水→糖質＋抗菌剤	（橙線）抗菌剤→糖質＋抗菌剤
（緑線）抗菌剤→抗菌剤	（緑線）水→糖質＋抗菌剤
（青線）抗菌剤→糖質＋抗菌剤	（青線）水→抗菌剤

54015135

…になるように予冷を行ない、なるべく10℃程度の低温で管理する必要がある。通常は横箱乾式で出荷される（図❸）。1箱の入り数は100～200本である。

流通段階 高温期に輸送されるため10

アスター

口絵 ▶p.36

● 有効な品質保持技術は開発されていないが、日持ちは比較的長い

特徴と収穫後の生理特性

キク科の一年草で中国原産。小輪系、大輪系、ポンポン咲き系に大別される。主に仏花として使用されている。エゾギクとも呼ばれ露地で栽培されることが多い。主として夏期に出荷され現在の主産地は茨城県、長野県などである。

花そのもののエチレンに対する感受性は低いが、葉のエチレン感受性は高い。

品質管理

生産者段階 蕾段階で収穫すると、開花した小花はほとんど発色しないため、通常は5～6輪開花した時点で収穫する。

大輪系やポンポン咲き系の品種は水揚げがよいとはいえないため、涼しい時間帯に収穫し、冷暗所で水揚げする。

日持ち延長に有効な前処理剤は開発されておらず、前処理は行なわれていない。

流通段階 通常は乾式で輸送される。輸送温度が低温(5～10℃)であれば乾式輸送で大きな問題はない。

小輪系の品種は水揚げがよく、切り戻せばよい。

消費者段階 水に生けただけで蕾は開花する。糖質と抗菌剤を連続処理すると、蕾から開花した花は大きくなり、日持ちもやや長くなるが、発色はあまり促進されない。通常は市販の後処理剤を使用すればよい。

日持ち判定基準と品質保持期間

半数以上の小花の舌状花弁が萎れるか、葉が著しく黄変した時点で日持ち終了とする(図)。

常温で2週間程度、高温で10日間程度の品質保持期間を確保できる。

(市村一雄)

アスチルベ

口絵 ▶p.37

● 水揚げが悪化しやすいが、後処理により日持ちが長くなる

特徴と収穫後の生理特性

ユキノシタ科の宿根草で原産地は日本や中国、朝鮮半島など。園芸品種は日本などおもに東アジア原産の種を交配したもの。粟粒のような小花が集まって穂状に咲く。花色も豊富である。主な産地は群馬県、栃木県、長崎県などである。

蒸散が激しく、水下がりしやすい。茎の切断で切り口から分泌される物質により導管が詰まるとされる。水揚げが悪化すると、花穂の褐変と葉の萎れが急速に進む。糖質と抗菌剤の連続処理により日持ちが長くなる。

エチレンに対する感受性を示し、エチレン処理は花穂の褐変化を1日程度早める。

品質管理

生産者段階 蕾が開花しにくいので半数程度の小花が開花してから収穫する。余分な葉は取り除き、すぐに水揚げする。

流通段階 蒸散が激しく水が下がりやすいので、湿式で輸送する。乾式の場合も給水剤などを使用する。

消費者段階 必ず切り戻してから水揚げする。糖質と抗菌剤の連続処理により、花穂の褐変が遅れ、日持ちが長くなる。通常は市販の後処理剤を使用すればよい。

日持ち判定基準と品質保持期間

花穂が褐変した時点で日持ち終了とする(図)。

品質保持剤を処理するなど品質管理が適切であれば、常温で1週間程度の品質保持期間を確保できる。

(渋谷健市)

2 ササリンドウ切り花の老化に及ぼすエチレン処理の影響

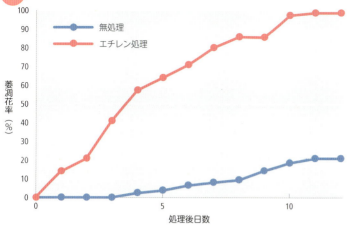

＊10 ppmのエチレンを24時間処理

3 リンドウの出荷形態（横箱乾式）

～15℃の低温で輸送することが望ましい。通常は乾式で輸送されている。しかし、乾式よりも湿式輸送が品質の低下抑制には有効である。小売店では切り戻し後、糖質と抗菌剤が入った溶液で処理することにより、蕾の開花促進や品質保持効果が得られる。

消費者段階 糖質と抗菌剤の連続処理により蕾の開花が促進され、日持ちが長くなる。生け水に抗菌剤が入っていないと水揚げ不良で切り花全体が萎れることがしばしばある。通常は市販の後処理剤を使用すればよい。

効である。切り前を早めると頂花の発色が不十分になるが、湿式輸送時や消費者段階での糖質処理により発色不良を回避できる。また、アザミウマ類の吸汁によっても日持ちが著しく短縮する。この対策には殺虫剤の適切な散布が必要である。

ササ系や交雑系品種では、収穫後に0.2mM STS剤を常温で8～24時間処理すると、日持ち延長に有効である。水揚げはよい。

切り花品目の中でもリンドウの新鮮重あたりの呼吸速度は高い。高温期には呼吸過多のため収穫後に急速に品質が低下する可能性がある。収穫後に切り花の品温を15℃以下になるように予冷を行ない、なるべく10℃程度の低温で管理する必要がある。通常は横箱乾式で出荷される（図3）。1箱の入り数は100～200本である。

流通段階 高温期に輸送されるため10

3 日持ち判定基準と品質保持期間

日持ち試験開始時に開花していた花の半数以上が退色または萎れた時点で日持ち終了とする（図4）。

品質保持剤を処理するなど品質管理が適切であれば、常温で10日間以上、高温でも1週間以上の品質保持期間が確保できる。

（湯本弘子）

アスター

口絵 p.36

● 有効な品質保持技術は開発されていないが、日持ちは比較的長い

特徴と収穫後の生理特性

キク科の一年草で中国原産。小輪系、大輪系、ポンポン咲き系に大別される。主に仏花として使用されている。エゾギクとも呼ばれ露地で栽培されることが多い。主として夏期に出荷され現在の主産地は茨城県、長野県などである。

花そのもののエチレンに対する感受性は低いが、葉のエチレン感受性は高い。

品質管理

生産者段階 蕾段階で収穫すると、開花した小花はほとんど発色しないため、通常は5～6輪開花した時点で収穫する。

大輪系やポンポン咲き系の品種は水揚げがよいとはいえないため、涼しい時間帯に収穫し、冷暗所で水揚げする。

日持ち延長に有効な前処理剤は開発されておらず、前処理は行なわれていない。

流通段階 通常は乾式で輸送される。輸送温度が低温（5～10℃）であれば乾式輸送で大きな問題はない。

小輪系の品種は水揚げがよく、切り戻せばよい。

消費者段階 水に生けただけで蕾は開花する。糖質と抗菌剤を連続処理すると、蕾から開花した花は大きくなり、日持ちもやや長くなるが、発色はあまり促進されない。通常は市販の後処理剤を使用すればよい。

日持ち判定基準と品質保持期間

半数以上の小花の舌状花弁が萎れるか、葉が著しく黄変した時点で日持ち終了とする（図）。

常温で2週間程度、高温で10日間程度の品質保持期間を確保できる。

（市村一雄）

アスチルベ

口絵 p.37

● 水揚げが悪化しやすいが、後処理により日持ちが長くなる

特徴と収穫後の生理特性

ユキノシタ科の宿根草で原産地は日本や中国、朝鮮半島など。園芸品種は日本などおもに東アジア原産の種を交配したもの。粟粒のような小花が集まって穂状に咲く。花色も豊富である。主な産地は群馬県、栃木県、長崎県などである。

蒸散が激しく、水下がりしやすい。茎の切断で切り口から分泌される物質により導管が詰まるとされる。水揚げが悪化すると、花穂の褐変と葉の萎れが急速に進む。糖質と抗菌剤の連続処理により日持ちが長くなる。

エチレンに対する感受性を示し、エチレン処理は花穂の褐変化を1日程度早める。

品質管理

生産者段階 蕾が開花しにくいので半数程度の小花が開花してから収穫する。余分な葉は取り除き、すぐに水揚げする。

流通段階 蒸散が激しく水が下がりやすいので、湿式で輸送する。乾式の場合も給水剤などを使用する。

消費者段階 必ず切り戻してから水揚げする。糖質と抗菌剤の連続処理により、花穂の褐変が遅れ、日持ちが長くなる。通常は市販の後処理剤を使用すればよい。

日持ち判定基準と品質保持期間

花穂が褐変した時点で日持ち終了とする（図）。

品質保持剤を処理するなど品質管理が適切であれば、常温で1週間程度の品質保持期間を確保できる。

（渋谷健市）

アネモネ

口絵 p.37

● エチレンに対する感受性は比較的高い

特徴と収穫後の生理特性

キンポウゲ科の宿根草で球根を形成する。原産地は地中海沿岸。最近、大輪系の観賞性に優れた品種が育成され、今後の需要拡大が期待されている。施設内で生産され、冬期と早春期に出荷されている。主要な産地は千葉県、長野県、福岡県などである。

エチレンに対する感受性は比較的高く、エチレン濃度が高い環境下では落弁が誘導される。

高温では品質が劣化しやすいため、低温で管理することが必須である。

品質管理

生産者段階 通常は一度開花して、夜間に閉じた状態のものを収穫する。

エチレンに対する感受性は比較的高いが、STS剤を処理しても日持ちを延ばすことはほとんどできない。前処理されずに出荷することが一般的となっている。

流通段階 乾式、湿式ともに5〜10℃程度の低温で輸送することが必須である。

消費者段階 収穫ステージが早い場合には、糖質と抗菌剤の連続処理により開花が促進され、日持ちが長くなる。通常は市販の後処理剤を使用すればよい。

高温では日持ちの短縮が著しいため、そのような環境条件を避けて観賞することが望ましい。

日持ち判定基準と品質保持期間

花弁が退色し、褐変が生じて品質保持期間が終了する（図）。

品質管理が適切であれば、常温で1週間程度の品質保持期間を確保できる。

（市村一雄）

オンシジウム

口絵 p.37

● エチレンに対する感受性は高いが、日持ちは比較的長い

特徴と収穫後の生理特性

ラン科の宿根草で原産地はブラジル。ラン類ではデンドロビウム、ファレノプシスに次いで流通量が多い。ただし、輸入の割合が60％を超えており、台湾からの輸入が多い。国内では静岡県、福岡県、沖縄県などで生産されている。

エチレンに対する感受性が高い。除雄によりエチレン生成量が増加する。それに伴い花被の萎凋が急激に進み、数日以内には観賞価値を失う。また、多くのラン類と同様に受粉により老化が促進されると推察される。

品質管理

生産者段階 半数以上の小花が開花した時点で収穫する。1-メチルシクロプロペン（1-MCP）の前処理はカトレアやシンビジウムの日持ち延長に効果があるため、利用を検討する必要がある。

熱帯原産のため、保管温度は7〜10℃が適当である。

流通段階 通常はピックに入れて輸送される。

低温障害に注意する必要がある。7〜10℃が適当である。水揚げはよい。

消費者段階 糖質と抗菌剤の連続処理により日持ちがやや長くなる。通常は市販の後処理剤を使用すればよい。

日持ち判定基準と品質保持期間

半数以上の小花が萎れた時点で日持ち終了とする（図）。

常温で2週間程度、高温で1週間程度の品質保持期間が確保できる。

（市村一雄）

カトレア

●エチレンに対する感受性は高く、
　ラン類の中では日持ちは比較的短い

口絵 ▷ p.37

特徴と収穫後の生理特性

　ラン科の宿根草で原産地は中央アフリカと南アメリカ。流通量はデンドロビウム ファレノプシス、オンシジウム、シンビジウムに次ぐ。ほぼすべてが国産であり、栃木県、群馬県、千葉県などで生産されている。

　エチレンに対する感受性が高い。多くのラン類は受粉しない場合は2週間以上の日持ちを示すが、カトレアの日持ちは比較的短く、受粉しない場合でも10日間程度である。

　熱帯原産であるため、低温障害には注意する必要がある。

品質管理

生産者段階　完全に開花した時点で収穫する。STS剤の品質保持効果は高くない。一方、1ppmの1-メチルシクロプロペン（1-MCP）を4時間処理すると日持ち延長に効果がある。1-MCPに6-ベンジルアミノプリン（BA）およびスクロースの連続処理を組み合わせると品質保持効果が高まる。

　保管温度は7～10℃が適当である。

流通段階　通常はピックに入れて輸送される。

　水揚げはよいので、特別な技術は必要ない。

消費者段階　5%スクロースの連続処理により品質保持期間が長くなることが明らかにされている。通常は市販の後処理剤を使用すればよいと考えられる。

日持ち判定基準と品質保持期間

　花被が萎れた時点で日持ち終了とする（図）。

　品質管理が適切であれば常温で1週間程度の品質保持期間を確保できる。

（市村一雄）

コスモス

●水揚げが悪いが、
　後処理によりやや日持ちが長くなる

口絵 ▷ p.40

特徴と収穫後の生理特性

　キク科の一年草花きで原産地はメキシコ。チョコレートコスモスは宿根草で、別種である。花壇用花きとして栽培されることが多いが、切り花用には施設内で生産されている。季咲きである秋期の流通が多いが、周年出荷されている。北海道、茨城県、千葉県、長野県などが主産地である。

　花そのもののエチレンに対する感受性は低いが、茎葉は感受性があり、エチレン処理により褐変が促進される。

　水揚げはやや悪く、風が当たると蒸散過多により萎れやすい。

品質管理

生産者段階　通常は第一花が開花した時点で収穫する。日持ち延長に有効な前処理剤は開発されていない。前処理剤が処理されずに出荷されることが一般的である。

流通段階　通常は乾式で輸送される。低温であれば乾式輸送で大きな問題はない。

消費者段階　水揚げはやや難しい。

　糖質と抗菌剤の連続処理により蕾の開花が促進されるとともに、水揚げも良好に保たれ、日持ちがやや長くなる。通常は市販の品質保持剤を使用すればよい。

日持ち判定基準と品質保持期間

　舌状花弁の萎れあるいは茎折れにより観賞価値を失う。舌状花弁が萎れた小花が半数以上になった時点、あるいは茎が折れた時点で日持ち終了とする（図）。

　品質管理が適切であれば、常温で5日間程度の品質保持期間を確保できる。

（市村一雄）

コチョウラン

口絵 p.40

● 日持ちは長いが、受粉により老化が促進される

特徴と収穫後の生理特性

　ラン科の宿根草で原産地は東南アジア。学名のファレノプシスと呼ばれることもある。栃木県、埼玉県、千葉県などが主産地であり、輸入割合は約20％となっている。

　エチレンに対する感受性が高い。受粉によりエチレン生成量が増加する。それに伴い花被の萎凋が急激に進み、受粉後数日以内には観賞価値を失う。エチレン作用阻害剤は受粉による老化促進効果を打ち消すことができる。

品質管理

生産者段階　花茎先端部の2～3輪が蕾のときに収穫する。

　1-メチルシクロプロペン（1-MCP）は他のラン類において、日持ち延長に効果があるため、今後の利用を検討することが必要である。

　熱帯原産のため、保管温度は7～10℃が適当である。

流通段階　花被が萎れやすいことと花穂のみで輸送されるため、ピックに挿して輸送される。

　低温障害に注意する必要がある。熱帯原産であり7～10℃が適当である。

　水揚げはよいので、特別な技術は必要ない。

消費者段階　糖質と抗菌剤を連続処理しても日持ちを延ばすことはほとんどできない。したがって、後処理の必要性は低い。

日持ち判定基準と品質保持期間

　半数以上の小花が萎れた時点で日持ち終了とする（図）。

　品質管理が適切であれば常温で2週間以上、高温で1週間程度の品質保持期間を確保できる。　（市村一雄）

サクラ

口絵 p.40

● エチレンに対する感受性は高く、日持ちは短い

特徴と収穫後の生理特性

　バラ科の木本類。'啓翁桜'、'彼岸桜' および '東海桜' が主要な品種。年末から4月まで出荷される。露地で生産されることが一般的である。主な産地は山形県、福島県、奈良県などである。

　蕾の段階で収穫し、促成処理を行ない、出荷適期になった段階で出荷されることが一般的である。

　エチレンに対する感受性は高く、エチレン処理により落弁が引き起こされる。

品質管理

生産者段階　蕾の段階で収穫する。収穫した切り枝を水に生け、20℃前後に管理された温室に入れ、促成を図る。糖質と抗菌剤を主成分とする品質保持剤に生けると、発色と開花が促進され、観賞時の日持ちが長くなる。とくに短い枝では効果が高い。

流通段階　通常は乾式で輸送される。低温であれば乾式輸送で大きな問題はない。水揚げがよく、切り戻せばよい。

消費者段階　糖質と抗菌剤の連続処理により発色と開花が促進され、日持ちが長くなる。通常は市販の後処理剤を使用すればよい。

　高温条件では日持ちが短縮しやすいため、そのような環境を避けて観賞することが必要である。

日持ち判定基準と品質保持期間

　半数以上の小花が萎れた時点で日持ち終了とする（図）。

　品質管理が適切であれば常温で5日間程度の品質保持期間が確保できる。　（市村一雄）

サンダーソニア

口絵 p.41

● 有効な品質保持技術は未開発であり、日持ちは短い

特徴と収穫後の生理特性

ユリ科の球根類で南アフリカ原産。品種の育成が進んでおらず、原種であるオーランチアカと黄色い花色の'ルティー'が流通している。

施設内で生産され、冬秋期を中心に出荷されている。主産地は北海道、千葉県、長野県、高知県などである。

エチレンに対する感受性は低い。水揚げはよい。冷涼な気候を好む。

品質管理

生産者段階 小花が5～6輪開花した時点で収穫する。

日持ち延長に有効な前処理剤は開発されておらず、前処理されずに出荷されることが一般的である。

流通段階 乾式で輸送される。5～10℃程度の低温であれば乾式輸送で大きな問題はない。

水揚げがよく、切り戻せばよい。

消費者段階 糖質と抗菌剤を連続処理すると、すでに開花した小花の日持ちを延ばすことはできないが、蕾の開花が促進される。結果として日持ちがやや長くなる。通常は市販の品質保持剤を使用すればよい。

冷涼な気候を好むため、涼温で観賞することが望まれる。

日持ち判定基準と品質保持期間

小花の褐変により観賞価値を失う。開花している小花数が日持ち開始時点の半数未満になった時点で日持ち終了とする（図）。

常温で5日間程度の品質保持期間を確保できる。

（市村一雄）

シュッコンアスター

口絵 p.41

● 日持ちは比較的長く、後処理剤が品質保持効果を示す

特徴と収穫後の生理特性

キク科の宿根草で北アメリカ原産。シロクジャクとユウゼンギクなどの交配により作出された品種群をさす。主に仏花として使用されている。施設内で生産されることが一般的であり、周年出荷されている。主産地は埼玉県、長野県、高知県、福岡県などである。

花そのもののエチレンに対する感受性は低いが、葉のエチレン感受性は高い。

品質管理

生産者段階 通常は7～8輪開花した時点で収穫する。涼しい時間帯に収穫し、冷暗所で水揚げする。

日持ち延長に有効な前処理剤は開発されていない。

流通段階 水揚げは比較的よい。乾式で輸送されることが一般的であるが、湿式で輸送されることもある。日持ちが長い品目ではあるが、5～10℃程度の低温で輸送することが必要である。

消費者段階 水に生けただけで蕾は開花する。糖質と抗菌剤の連続処理により開花した花が大きくなり、日持ちがやや長くなる。通常は市販の後処理剤を使用すればよい。

日持ち判定基準と品質保持期間

半数以上の花の舌状花弁が萎れるか、葉が著しく黄変した時点で日持ち終了とする（図）。

品質管理が適切であれば、常温で10日間程度、高温で1週間程度の品質保持期間を確保できる。

（市村一雄）

シンビジウム

口絵 ▶p.41

●日持ちは長いが、
受粉により老化が促進される

特徴と収穫後の生理特性

　ラン科の宿根草で原産地は熱帯アジアなど。流通量はデンドロビウム、ファレノプシス、オンシジウムに次ぐ。そのうち30％弱が輸入である。徳島県が主産地であり、群馬県、長野県などでも生産されている。

　エチレンに対する感受性が高い。除雄および受粉によりエチレン生成量が増加する。それに伴い花被の萎凋が急激に進み、数日以内には観賞価値を失う。

　他の多くの洋ラン類とは異なり、低温障害を受けにくい。

品質管理

生産者段階　先端の数輪が蕾の時点で収穫する。
　STS剤の品質保持効果は高くない。この理由は吸液量が少なく、銀が十分に蓄積しないためと推定される。一方、1-メチルシクロプロペン（1-MCP）は日持ち延長に効果があるため、今後の利用を検討することが必要である。
流通段階　花被が萎れやすいことと花穂のみで輸送されるため、ピックに入れて輸送される。水揚げはよい。
消費者段階　糖質と抗菌剤を連続処理しても日持ちを延ばすことはほとんどできない。したがって、後処理の必要性は低い。

日持ち判定基準と品質保持期間

　半数以上の小花が萎れた時点で日持ち終了とする（図）。
　常温で2週間程度、高温で1週間程度の品質保持期間を確保できる。

（市村一雄）

スカビオサ

口絵 ▶p.41

●エチレンに対する感受性が比較的高く、
STS剤の前処理により日持ちが長くなる

特徴と収穫後の生理特性

　マツムシソウ科の一年草または宿根草。日本国内の山野に自生するマツムシソウの近縁種である。ヨーロッパ西部原産のスカビオーサ・アトロプルプレアか中央アジア原産のスカビオーサ・コーカシカが原種になっている品種が多い。花はキク科の花きと同様に、小花の集合体である頭状花序である。

　施設内で生産され、周年出荷されている。北海道、福岡県、長崎県などが主要な産地である。

　エチレンに対する感受性はやや高く、エチレン濃度が高い環境では萎れが促進される。STS剤を処理することによりエチレンの悪影響を避けることができる。

品質管理

生産者段階　舌状花弁が開いた段階で収穫する。STS剤で前処理することにより、日持ちは1.5倍程度長くなる。0.5mMの濃度では1時間程度の処理が適当である。
流通段階　水分が損失しやすい。また花弁が傷みやすいため、縦箱湿式輸送が不可欠である。高温では鮮度低下が著しいため、10℃程度の低温で輸送することが必要である。
消費者段階　後処理剤を処理しても日持ちを長くすることはほとんどできない。通常は水に生けて観賞すればよい。

日持ち判定基準と品質保持期間

　舌状花弁が萎れた時点で日持ち終了とする（図）。
　適切に処理された切り花では、常温で1週間以上の品質保持期間を確保できる。

（市村一雄）

ストレリチア

口絵 p.42

● 有効な品質保持技術は開発されていないが、日持ちは比較的長い

特徴と収穫後の生理特性

ゴクラクチョウ科の宿根草で南アフリカ原産。和名は極楽鳥花である。くちばしに相当する緑色の部位は仏炎苞である。黄色あるいはオレンジ色の花弁に見える部位は萼であり、青紫色の部位が花弁である。

施設内で生産され、周年出荷されている。主産地は神奈川県、静岡県、滋賀県、沖縄県などである。

エチレンに対する感受性は不明である。水揚げはよい。

品質管理

生産者段階 通常は最初の小花が開花した時点で株を引き抜いて収穫する。

日持ち延長に有効な前処理剤は開発されておらず、前処理されずに出荷されている。

流通段階 乾式で輸送される。10℃程度の低温であれば乾式輸送で大きな問題はない。

水揚げはよく、切り戻せばよい。

消費者段階 糖質と抗菌剤の連続処理により日持ちはやや長くなる。通常は市販の品質保持剤を使用すればよい。切り花では蕾が開花しにくいが、固い蕾は萼を手で取り出すと咲きやすい。

日持ち判定基準と品質保持期間

開花している小花数が1輪未満になった時点で日持ち終了とする（図）。

常温で1週間程度、高温で5日間程度の品質保持期間を確保できる。

（市村一雄）

ソリダゴ

口絵 p.42

● 有効な前処理技術は開発されていないが、後処理剤により日持ちが長くなる

特徴と収穫後の生理特性

キク科の宿根草で北アメリカ原産。花色は黄色と白である。主に仏花として使用されている。ソリダスターは近縁種である。露地で生産されることも多い。現在の主産地は鹿児島県の沖永良部島などである。

高温時には葉が黄化しやすい。葉が黄化する原因はエチレンであることから、葉の黄化防止にはSTS剤処理が効果的であると考えられる。

品質管理

生産者段階 日持ち延長に有効な前処理剤は見いだされていないこともあり、とくに前処理されずに出荷されている。葉が黄化しやすいため、STS剤処理の有効性を検証することが必要である。

流通段階 近郊産地からは乾式で輸送されることが一般的であるが、沖永良部島のような遠隔地からは湿式で輸送されることが多い。とくに乾式では10℃程度の低温で輸送することが必要である。

消費者段階 水に生けただけでも日持ちは比較的長いが、水揚げが不良となり萎れることがある。糖質と抗菌剤の連続処理により、蕾の開花が促進されるとともに水揚げが良好に保たれ、日持ちをやや延ばすことができる。通常は市販の後処理剤を使用すればよい。

日持ち判定基準と品質保持期間

半数以上の花の舌状花弁が萎れた時点で日持ち終了とする（図）。

常温で2週間程度、高温で1週間程度の品質保持期間を確保できる。

（市村一雄）

ダイアンサス

口絵 p.42

● STSの前処理と糖質を含む後処理により日持ちが長くなる

特徴と収穫後の生理特性

　ナデシコ科の一年草または宿根草。原産地はヨーロッパからアジアまで幅広い。一般的には多花性のものを指し、切り花品種は美女ナデシコ系またはカーネーションとの種間雑種系統が多い。主産地は北海道、千葉県、長野県、京都府などである。

　小花の寿命は短いが、蕾が連続して開花するため日持ちは長い。カーネーション同様、エチレンに対する感受性が高い。収穫後に糖質が不足すると、蕾の開花が進まず、発色が抑制される。

品質管理

生産者段階　すでに開花した小花の日持ちは数日であるため、咲きすぎを避け、品種ごとの適切な切り前で収穫する。収穫後にSTS剤による前処理を行なうと日持ちが長くなる。STS剤の処理濃度と時間はカーネーションに準じる。

流通段階　乾式で輸送するのが一般的であるが、輸送中の温度上昇や乾燥は、花弁の萎凋などの老化を促進するため、とくに夏期は冷蔵による輸送が好ましい。

消費者段階　糖質と抗菌剤の連続処理により蕾が連続して開花するとともに、小花の発色が向上し、日持ちも長くなる。市販の後処理剤を使用すればよい。

日持ち判定基準と品質保持期間

　花色がよく、正常に開花している小花が約半数になった時点で日持ち終了とする（図）。

　品質保持剤を処理するなど品質管理が適切であれば、2週間程度の品質保持期間を確保できる。　（豊原憲子）

デンドロビウム ファレノプシス（デンファレ）

口絵 p.42

● 日持ちは長いが、受粉により老化が促進される

特徴と収穫後の生理特性

　ラン科の宿根草で原産地は熱帯アジア。切り花としてもっともよく利用されているランであるが、大半が輸入である。

　エチレンに対する感受性が高い。受粉によりエチレン生成量が増加する。それに伴い花被の萎凋が急激に進み、受粉後数日以内には観賞価値を失う。エチレン作用阻害剤は受粉による老化促進効果を打ち消すことができる。

品質管理

生産者段階　花茎先端部の2～3輪が蕾のときに収穫する。1-メチルシクロプロペン（1-MCP）は他のラン類において、日持ち延長に効果があるため、今後利用を検討することが必要である。

　熱帯原産のため、保管温度は7～10℃が適当である。

流通段階　花被が萎れやすいことと花穂のみで輸送されるため、ピックに入れて輸送される。

　低温障害に注意する必要がある。熱帯原産のため、7～10℃が適当である。

　水揚げはよいので、特別な技術は必要ない。

消費者段階　糖質と抗菌剤の連続処理により品質保持期間が長くなるとされている。通常は市販の後処理剤を使用すればよい。

日持ち判定基準と品質保持期間

　半数以上の小花が萎れた時点で日持ち終了とする（図）。

　常温で2週間程度、高温で1週間程度の品質保持期間を確保できる。

（市村一雄）

ハナショウブ

口絵 p.44

● STSの前処理と糖質と抗菌剤の後処理により
日持ちが長くなる

特徴と収穫後の生理特性

　アヤメ科の球根類花き。原産地は日本。伝統的な園芸花きとして、各地で多数の品種が育成されてきた。主として施設内で生産され、初夏に出荷されている。茨城県、静岡県、愛知県、熊本県などが主な産地である。

　1本の花茎から2つの小花が開花する。しかし、切り花で単なる水に生けただけでは1つしか開花しない。

　エチレンに対する感受性は低い。水揚げはよい。

　1つの小花の日持ちは3日程度と短い。

品質管理

生産者段階　通常、1本の花茎から2花が開花するが、最初の花が開花直前に収穫する。

　STS剤の前処理により、第1花の花径を増大させることに加えて、第2花の開花を促進することもできる。STS剤処理は0.2mMで24時間の処理を基準とする。

　同属のアイリスで有効である合成サイトカイニン剤および球根用前処理剤の効果を検証することが必要である。

流通段階　乾式輸送が一般的である。水揚げはよいため、5〜10℃程度の低温であれば大きな問題はない。

消費者段階　糖質と抗菌剤の連続処理で2番目の小花を開花させることにより、日持ちを延長させることができる。市販の後処理剤を使用すればよい。

日持ち判定基準と品質保持期間

　花被の萎れにより観賞価値を失う（図）。

　品質管理が適切であれば、常温で約5日の品質保持期間が確保できる。

（市村一雄）

ハナモモ

口絵 p.44

● 日持ちは短く、
後処理剤の処理が不可欠である

特徴と収穫後の生理特性

　バラ科の木本類花き。桃の節句にあわせ、2月中旬から下旬に出荷が集中する。露地で生産されることが一般的である。主な産地は茨城県、埼玉県、神奈川県、大阪府などである。

　同属のサクラで得られた知見から、エチレンに対する感受性は高いと推定される。

品質管理

生産者段階　蕾の段階で収穫し、「ふかし」と呼ばれる処理を行ない、出荷適期になった段階で出荷されることが一般的である。切り枝を20℃前後、湿度80％程度の暗黒条件下で水に生けると、10日前後で出荷可能な状態となる。蕾の開花と日持ちは枝に含まれる貯蔵糖質に依存しており、細い枝では貯蔵糖質が不足して、花弁が青みがかるブルーイングが起きやすい。糖質と抗菌剤を主成分とする品質保持剤に生ければ、この問題を解決できる。

流通段階　通常は乾式で輸送される。5〜10℃程度の低温であれば乾式輸送で大きな問題はない。水揚げがよく、切り戻せばよい。

消費者段階　糖質と抗菌剤の連続処理によりブルーイングの発生が抑制されるとともに開花が促進され、日持ちは著しく長くなる。通常は市販の後処理剤を使用すればよい。

日持ち判定基準と品質保持期間

　半数以上の小花が萎れた時点で日持ち終了とする（図）。品質管理が適切であれば、常温で5日間程度の品質保持期間を確保できる。

（市村一雄）

ブバルディア

口絵 ▶ p.46

● 水揚げが悪化しやすい。
　STS剤の前処理と後処理により日持ちが長くなる

特徴と収穫後の生理特性

　アカネ科の木本で原産地は中央アメリカ、メキシコなど。筒状の細長い花の先端が4つに裂けて十文字に開く。花色は白が主流だが、ピンクや赤系もあり、一重と八重の品種がある。主な産地は、東京都（伊豆大島）、福岡県など。

　水揚げが悪化しやすい。切り口から分泌される物質により導管が詰まるとされる。

　エチレン感受性は比較的高く、エチレン処理後48時間でほとんどすべての花が落花する。糖質と抗菌剤の連続処理により花の萎れが抑えられ、蕾の開花が促進される。

品質管理

生産者段階　STS剤と界面活性剤による前処理を行なう。前処理により水揚げを促進し落花を抑制できる。専用の市販前処理剤を利用すればよい。
流通段階　水揚げが悪化しやすいため、湿式で輸送することが必要である。
消費者段階　必ず切り戻してから水揚げする。糖質と抗菌剤の連続処理により花の萎れが抑制されるとともに、蕾の開花が促進され、日持ちが長くなる。通常は市販の後処理剤を使用すればよい。

日持ち判定基準と品質保持期間

　半数以上の小花が萎れた時点で日持ち終了とする（図）。

　品質保持剤を処理するなど品質管理が適切であれば、常温で約10日間程度の品質保持期間を確保できる。

（渋谷健市）

ブプレウルム

口絵 ▶ p.46

● 日持ちは短いが、
　有効な品質保持技術は開発されていない

特徴と収穫後の生理特性

　セリ科の一年草でヨーロッパ原産。花は非常に小さく、主たる観賞部位は苞葉である。添え花として利用される。品種は少なく、品種の表示があるのは'グリフティ'と'グリーンゴールド'のみである。施設内で生産され、福島県、和歌山県、岡山県、福岡県などが主産地となっている。

　エチレンに対する感受性を含め、切り花の生理特性は明らかにされていない。

品質管理

生産者段階　枝が十分に伸長し、3～4本の枝が開花した時点で収穫する。日持ち延長に有効な前処理剤は開発されておらず、通常は前処理されずに出荷される。
流通段階　乾式で輸送されることが一般的である。10℃程度の低温であれば乾式輸送で大きな問題はない。

　枝がからみやすいため、丁寧に取り扱うことが必要である。
消費者段階　糖質と抗菌剤を連続処理すると、苞の黄変が促進され、日持ちが短縮しやすい。したがって、後処理剤は使用する必要はなく、水に生けて観賞すればよい。

日持ち判定基準と品質保持期間

　苞葉が著しく黄変するか、萎れた時点で日持ち終了とする（図）。

　常温で5日間程度の品質保持期間を確保できる。

（市村一雄）

ブルーレースフラワー

口絵 ▶ p.47

● エチレンに対する感受性が比較的高い。
落弁を防止する効果的な方法は開発されていない

特徴と収穫後の生理特性

　セリ科の一年草でオーストラリア原産。学名由来の「ディディスカス」の名前で流通することもある。長い花柄の先に小花が半球状に密集して咲く。花色は青の他にピンクや白がある。季咲きは5月頃から初夏にかけてだが、切り花は施設内で生産され周年出荷されている。
　主な産地は、宮城県、長野県、和歌山県、愛媛県、福岡県などである。
　エチレンに対する感受性は比較的高く、エチレン処理後24時間でほとんどすべての花で落弁が引き起こされる。

品質管理

生産者段階　エチレンに対する感受性は高いが、落弁防止におけるSTS剤処理の効果はないとされている。しかし、処理方法などさらに検討する必要があるだろう。
流通段階　乾式輸送が一般的である。高温条件では日持ちの短縮が著しいため、10℃程度の低温で輸送することが必要である。
消費者段階　糖質と抗菌剤の連続処理による日持ち延長効果はみられず、後処理の必要性は低い。
　水揚げは比較的よい。高温条件では日持ちの短縮が著しいため、涼温下で観賞することが必要である。

日持ち判定基準と品質保持期間

　軽く振って半数以上の小花が落花した時点で日持ち終了とする（図）。
　常温で5日程度の品質保持期間を確保できる。

（渋谷健市）

ホワイトレースフラワー

口絵 ▶ p.47

● エチレンに対する感受性は低い。
有効な品質保持技術は開発されていない

特徴と収穫後の生理特性

　セリ科の一年草で原産地は地中海沿岸地域。小さな白い花がレースのように集まって咲く。日本では1980年代から普及し始めた。周年出荷されているが、おもに11月から6月にかけて流通する。ブルーレースフラワー（ディディスカス）とは別の種である。
　エチレンに対する感受性は低い。
　主な産地は、北海道、福島県、千葉県、和歌山県、福岡県などである。

品質管理

生産者段階　茎葉をつけて枝切りする場合と、花だけ（花柄の基部）で収穫する場合がある。冬季は80％程度が開花した時点で収穫するが、気温が高い時期は切り前を早めにする。
　水揚げは比較的よいが、切り前が早すぎると水揚げしにくくなる。
流通段階　乾式で出荷されることが一般的である。水揚げは比較的よく、切り戻して水揚げすればよい。
消費者段階　糖質と抗菌剤の後処理は日持ちの延長に効果はなく、葉と茎の黄化を早める。そのため、後処理の必要性はない。
　満開になると粉状の葯が落ちる。徐々にドライフラワー状態になっていき、乾燥するにともない多量の粉が落ちる。葯の落下防止に有効な方法は今のところない。

●日持ち判定基準と品質保持期間

　花が褐変した時点で終了とする（図）。
　常温で5日間程度の品質保持期間を確保できる。

（渋谷健市）

マーガレット

口絵 p.47

● 後処理により日持ちはやや長くなる

特徴と収穫後の生理特性

　キク科の宿根草で原産はカナリア諸島。切り花生産上は一年草として扱われる。暖地において主として施設内で栽培され、冬春期に出荷される。主産地は静岡県、香川県、長崎県などである。

　エチレンに対する感受性は低く、エチレンを数日間連続処理しても、花弁の萎れはみられない。水揚げはよい。

品質管理

生産者段階　中心花が一輪開花した時点で収穫することが一般的であるが、品種により調整する必要がある。

　日持ち延長に有効な前処理剤は開発されておらず、前処理されずに出荷されることが一般的である。

流通段階　通常は乾式で輸送される。10℃程度の低温であれば乾式輸送で大きな問題はない。

消費者段階　糖質と抗菌剤の連続処理により、蕾の開花が促進され、日持ちが長くなる。ただし、花色がピンク色の品種では、糖質を処理しても品種本来の花色を発現させることは困難である。通常は市販の後処理剤を使用すればよいが、葉に薬害が生じやすい商品もあるため、使用にあたっては注意が必要である。

日持ち判定基準と品質保持期間

　舌状花弁の萎れにより観賞価値を失う。半数以上の小花の舌状花弁が萎れた時点で日持ち終了とする（図）。

　常温で1週間以上の品質保持期間を確保できる。

（市村一雄）

ユキヤナギ

口絵 p.47

● 日持ちは短く、後処理剤の処理が不可欠である

特徴と収穫後の生理特性

　バラ科の木本類。原産地は日本と中国。品種はとくにない。露地で生産されることが一般的であり、冬春期に出荷される。主な産地は福島県、茨城県、神奈川県、大阪府などである。

　エチレンに対する感受性は高く、10ppmのエチレンで2日間処理すると、落弁が引き起こされる。

品質管理

生産者段階　蕾の段階で収穫し、加温したハウス内で促成処理を行ない、適期になった段階で出荷されることが一般的である。

　通常は前処理剤で処理されずに出荷されている。エチレンに対する感受性が高く、STS剤の前処理により日持ちを延長できることが明らかにされている。したがって、STS剤の利用を今後は検討することが必要である。

流通段階　通常は乾式で輸送される。5～10℃程度の低温であれば乾式輸送で大きな問題はない。

　水揚げはよく、切り戻せばよい。

消費者段階　糖質と抗菌剤の連続処理により開花が促進され、日持ちが長くなる。通常は市販の後処理剤を使用すればよい。

　高温条件では日持ちの短縮が著しいため、そのような環境を避けて観賞することが望まれる。

日持ち判定基準と品質保持期間

　半数以上の小花が落弁した時点で日持ち終了とする（図）。

　常温で5日間程度の品質保持期間を確保できる。

（市村一雄）

日持ち試験の方法

　日持ち保証販売を行なうためには、日持ち検定試験の実施が不可欠である。切り花の日持ち検定試験は、温度、湿度などの環境条件が制御できる室内で、一定の基準に従い判定する必要がある。

　日持ちを検定する国際的な基準は、気温20℃、相対湿度60％、照度約600 lx（ルクス）、日長12時間である。日本国内では気温20～25℃、相対湿度50～70％の範囲内の一定の温湿度で行なうことを基準としている。照明には白色蛍光灯を用い600～1000 lx（PPFDでは10～15 μmol/㎡/s）の範囲内の一定の光強度で12時間日長とする。市場などの日持ち検定試験は、25℃で行なうことが一般的であるが、高温期の日持ちを保証するためには、28℃以上での検定が推奨される。

　多くの切り花品目では、花弁が萎れるか、脱離するまでを日持ち日数としている。小花が多数ついた切り花では、50％の小花が萎れるか、脱離するまでを基準とする場合が多い。葉の黄化により観賞価値が低下する品目では、日持ち判定基準に葉の黄化も加味されている。

　日持ち検定試験の具体的な手順として、よく洗浄した容器と規定量に希釈した後処理剤（切り花栄養剤）溶液を入れる。水量は試験途中で水の継ぎ足しが不要となるよう、十分な量とする。容器は原則として円柱形で凹凸のない透明な容器を用いる。切り花長は家庭で利用することを前提とし、60cmを基準とし、5本以上用いることを原則とする。切り花を溶液に生け、切り戻しと水換えは行なわずに観察する。日持ちは原則として毎日調査し、調査期間は2週間以上とする。ただし、検定開始後の日数経過が少なく明らかに観賞価値が維持されると予想される場合は、調査を省略してもよい。茎折れおよび病虫害の発生した場合は、その時点で日持ち終了とする。　（市村一雄）

㈱大田花きの日持ち試験室

II

品質保持の基礎

1 花の寿命と切り花が観賞価値を失う原因

　切り花が観賞価値を失う最大の原因は花の老化であり、切り花の日持ちは花本来の寿命とほぼ一致することが多い。花の寿命は品目によって異なり、グラジオラスやハナショウブなど、一つの花自体は数日しか持たない品目もあるが、コチョウランのように1カ月以上持つ品目もある。これは、花の寿命が遺伝的にプログラムされており、老化を積極的に進行させていることを示している。

　しかし、エチレンの作用や糖質の不足といった外的要因により老化が促進され、日持ちが短縮する場合もある。多くの切り花は、エチレン濃度が高い環境下では老化が促進され、日持ちが短縮する。また、糖質は生体の維持に不可欠であるが、切り花の場合は光合成による糖質の合成がほとんどできないため、糖質が不足し、結果的に日持ちが短くなる場合がある。

　花の老化のタイプとしては、花弁が萎れるタイプと落弁するタイプに大別することができる。多くの切り花品目は、花弁が萎れるタイプで、キク、カーネーション、ダリアなどの花きが挙げられる（図❶）。一方で、落弁するタイプの品目も存在し、デルフィニウムやビブルナムなどの花きは花弁あるいは萼片が落ちて観賞価値を失う（図❷）。また、ユリやアルストロメリアのように、花弁が落ちる時期に萎れが進む花きもある。このように萎れるタイプと落弁するタイプの厳密な区別が困難な花きも少なくない。

　また、花弁の老化以外が原因となって、切り花としての観賞価値を失う場合もある。例えば、切り花が厳しい水分ストレスにさらされると、萎れることがある。茎が軟弱な場合には、茎の曲がりや折れにより観賞価値を失う。キクやアルストロメリアのような切り花では、花が老化する前に葉が黄化し観賞価値を失う場合がある。

　一般に、上記のような観賞価値の低下を引き起こす原因として、エチレン生成、糖質の消費、水揚げの悪化などが挙げられる。これらの現象は温度が上昇するほど、促進されるため、切り花は低温で保管することが必要になる。

I　エチレン

● エチレンの性状と発生源

　エチレンは植物ホルモンの一種で、2分子の炭素と4分子の水素からなる化合物である。常温では気体で存在し、植物の成熟や老化に関与しているほか、多くの生理作用を有している。多くの花きでは、エチレンの作用によって花弁の萎れや落弁などが誘導され、花の日持ちが短縮する。エチレンは植物体のどのような組織からも生成され、リンゴやバナナなど果実の成熟時に多量に生成するものも多い。

● エチレン感受性

　エチレンは多くの切り花の老化を促進するが、エチレンに対する感受性は花き品目によって異なる（表❶）。エチレンに対する感受性が高いものとして、カーネーション、シュッコンカスミソウ、スイートピー、デルフィニウム、ラン類、リンドウ、キンギョソウなどがある（図❸）。一方、キクやガーベラ、ヒマワリなどのキク科やユリ科、グラジオラス

❶ ダリア切り花の萎れによる観賞価値の喪失

❷ ビブルナム切り花の落弁による観賞価値の喪失

などのアヤメ科に属する花の多くはエチレンに対する感受性が低い。エチレンに対する感受性が低いこれらの品目では、エチレンは問題にならない。ただし、キクやアスターでは、葉にエチレン感受性があり、葉の黄化が引き起こされることがある。

● 老化に伴うエチレン生成

カーネーションやスイートピーといったエチレンに対する感受性の高い切り花品目では、花の老化に伴い自ら多量のエチレンを生成し、老化に関わる生体内の反応を誘導する。ただし、カンパニュラなどのようにエチレンに対する感受性が高くても、老化に伴うエチレン生成量の上昇が起こらない品目もある。

エチレンに対する感受性の高い花きには、カーネーション、シュッコンカスミソウ、トルコギキョウのように花弁が萎れる品目と、デルフィニウムやビブルナムのように花弁や萼片が落弁する品目に大別される。花弁が萎れるタイプでは、雌しべから生成されたエチレンが花弁に作用した結果、花弁から

❹ 受粉がカンパニュラ切り花の老化に及ぼす影響

矢印が受粉した花、受粉後3日目

もエチレンが生成されて花弁に作用するというモデルが提唱されている。一方で、花弁や萼片が脱離するタイプでは、雌しべあるいは花托から生成されたエチレンの作用によって誘導されることが考えられている。

● 受粉とエチレン生成

ラン、トルコギキョウ、リンドウ、デルフィニウム、キンギョソウ、カンパニュラなどエチレンに感受性の高い多くの切り花では、受粉によってエチレン生成が著しく増大し、花弁の萎れや落弁が促進される。これらの品目では受粉に注意が必要である（図❹）。ただし、キンギョソウでは老化が促進される品種とそうでない品種があり、品種間差が認められている。また、スイートピーでは開花した時点で自然に受粉してしまっているが、受粉が起きないようにしても、日持ちは長くならない。

● エチレンの悪影響を防ぐ方法

エチレンによる老化促進作用を防ぐためにもっとも有効かつ簡便な方法は、エチレン作用を阻害するチオ硫酸銀錯体（STS）を主成分とする前処理剤を、生産者の段階で処理することである。エチレンに感受性の高い品目でも、STS剤を処理することにより、エチレンに対する感受性を著しく低下させ、エチレンの影響を受けないようにすることができる。カーネーション、スイートピーあるいはデルフィニウムのようにエチレンに感受性の高い品目ではSTS剤処理により、日持ちを2倍程度延ばすことができる。また、トルコギキョウやバラのような品目でもSTS剤の前処理により日持ちを延ばすことができる。

❸ エチレンがキンギョソウの老化に及ぼす影響

無処理　　　エチレン処理（10ppmを2日間）

表❶ 切り花のエチレンに対する感受性

感受性	品目
非常に高い	カーネーション
高い	シュッコンカスミソウ、スイートピー、デルフィニウム、デンドロビウム、バンダ
やや高い	カンパニュラ、キンギョソウ、ストック、トルコギキョウ、バラ、ブルースター
やや低い	アルストロメリア、スイセン
低い	キク、グラジオラス、チューリップ、ユリ類

2　切り花の水揚げの悪化に関わる原因

● 水揚げ

切り花の水分状態は吸水量と蒸散量の差し引きにより決まるため、吸水量が多いほど水揚げがよいとみなすことはできない。水揚げは単に、「水の吸水」を意味する語ではなく、「切り花の水分状態」を表す語である。

水揚げの悪化の直接的な原因は、吸水量よりも蒸散量が上回ることである。また、水の通路である導管が閉塞すると水揚げは悪化する。導管閉塞の原因には、細菌の増殖、切り口と導管内部に発生する気泡ならびに傷害反応などがある。

● 蒸散と水揚げ

蒸散は主として、葉の裏側に存在する気孔を通して起こる。一般に気孔は明所で開き、暗所で閉じる。また、低温条件下では蒸散が促進され、水揚げが悪化しやすい。そのため、暗所や相対湿度が高まる場所に置く、あるいは余分な葉を取り除くことにより水揚げが促進される。バラ切り花では、葉を取り除くことにより蒸散量が著しく減少し、日持ちが長くなる。

● 細菌と導管閉塞

導管閉塞の最大の原因と考えられているのが細菌（バクテリア）をはじめとする微生物である。生け水および導管に細菌が増殖することで導管閉塞は進行する（図❺）。細菌の増殖による導管閉塞を抑制するもっとも効果的な方法は、抗菌剤を含む品質保持剤の利用である。抗菌剤処理により、水揚げが悪化しやすい切り花品目の導管閉塞が抑制され、日持ちを延ばすことができる。

● 空気と導管閉塞

空気も導管閉塞を引き起こす重大な原因である。国内で主体となっている乾式輸送では、切り花の切り口から空気が導管に入り込み、水の吸収を阻害する。水から離す時間が長くなると、茎の上部の導管にも気泡が生じる。これは「キャビテーション」と呼ばれている。切り口に入り込んだ空気は切り戻せば取り除くことができるが、茎の上部に生じた気泡を取り除くのは容易ではない。空気による導管閉塞を防ぐためには湿式輸送が有効である。また、乾式輸送をせざるを得ない場合でも、輸送に要する時間は極力短くするべきである。

● 切断傷害と導管閉塞

植物の茎が切断されると傷口を治癒するため、表皮を保護する物質の合成と蓄積が起こる。切り花の切り口でも切断傷害によって誘導される治癒的な反応が起こっている。これにより導管閉塞は次第に進行する。キクでは抗菌剤の処理でこのような傷害反応を抑えることができる。また、ブルースターでは切り口から汁液が溢泌し、この汁液が固化することで導管が閉塞する（図❻）。このような品目では切り口を熱湯に浸すなど組織を死滅させることにより水揚げを促進することができる。

❻ ブルースターの切り口から溢泌する汁液

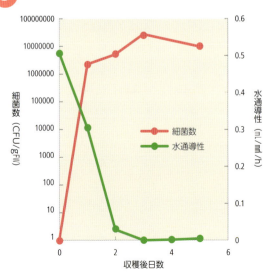

❺ バラ切り花における細菌数と水通導性の変動

3　糖質

● 糖質の役割

植物において、糖質はエネルギー源だけでなく、浸透圧を調節し、細胞内に水を引き込む物質として重要な役割を果たしている。花きに含まれる主要な糖質はグルコース（ブドウ糖）、フルクトース（果糖）、スクロース（ショ糖）である場合が多い。植物は光合成により糖質を合成することができる。しかし、切り花は暗所で保管されることもあり、光合成を行なうことがほとんどできない。加えて、切り花の状態にすると光合成能力が低下し、強光下であったとしても光合成量は著しく減少する。したがって、切

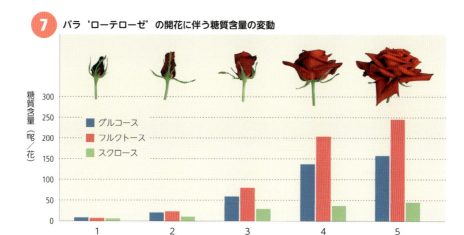

図7 バラ'ローテローゼ'の開花に伴う糖質含量の変動

り花では時間の経過に伴う糖質濃度の低下によってエネルギーが不足し、結果として日持ちの短縮につながる。

このように、多くの切り花において糖質濃度が低下すると老化が引き起こされる。そのため、栽培時に光をよく当てるなど、光合成を促進するような栽培を心がけ、貯蔵糖質の量を増やすことが重要である。

● 開花と糖質

開花の過程では、花弁を構成する個々の細胞が吸水により肥大する。細胞の肥大にはエネルギー源および浸透圧調節物質として多量の糖質が必要である。しかし、切り花は貯蔵糖質を呼吸により消費し、糖質濃度は次第に低下する。その結果、蕾がきれいに開花できず、観賞価値を失うことになる。

図7は、バラの開花に伴う花弁中の糖質含量の変動を示したものである。ステージ1から5に至る段階で開花に伴い糖質含量は著しく増加する。ここで示した品種'ローテローゼ'では、まだ糖質がほとんど蓄積していないステージ2の段階で通常収穫する。しかし、慣行の切り前（採花適期）である、この段階で収穫した場合、茎と葉に蓄積している糖質のみでは、開花に十分な量を供給することはできない。そのため、花弁が十分に展開できず、日持ちが短くなる。

また、カーネーションなど、エチレンに感受性の高い品目では、糖質含量の低下はエチレン生成の上昇を引き起こし、日持ちを短くすることも知られている。

● 糖質処理と日持ち

切り花にグルコースやスクロースなどの糖質を与えると品質保持に効果がある。

蕾段階で収穫するバラのような切り花やシュッコンカスミソウ、トルコギキョウ、ストック、キンギョソウをはじめとする蕾が多数着いた切り花品目では、糖質処理の効果がとくに高い。すなわち、蕾の開花促進と日持ち延長に著しい効果があることに加え、花も大きくなり、発色も促進される。しかし、生産者段階では糖質の処理期間が出荷前までに限定される。糖質はエネルギー源として呼吸により急速に消費されてしまうため、消費者段階で行なう後処理に比較すると、その品質保持効果が小さい。

図8 バラ切り花のブルーイングと日持ちに及ぼす糖質処理の効果（日持ち検定9日目）

水　　　　　　　　グルコース（抗菌剤を含む）

4　花弁の発色不良と退色

バラをはじめとして、アントシアニンが花の色素となっている品目では、収穫後時間が経つにつれて退色が進行する。とくに、ピンク色のバラが紫がかる現象は「ブルーイング」と呼ばれる。本来、赤い花色のバラが黒ずんでくることもブルーイングの一種である。また、スイートピーでは花色が淡くなる。花弁が退色する理由はよくわかっていないが、花弁細胞のpHが上昇することにより引き起こされる可能性が指摘されている。ブルーイングの発生は糖質を含む後処理剤の処理により抑えることができる（図❽）。

トルコギキョウ、キンギョソウ、ブルースターなど、アントシアニンやオーロンなどのフラボノイド類を主要な花色素とする切り花品目では、単に水に生けた場合には、蕾の発色が十分にされない場合が多い。この原因はフラボノイド色素が十分に合成されないためである。切り花の糖質と抗菌剤の後処理は、日持ちを延ばすだけでなく、蕾の発色も向上させることができる。

2　栽培と切り花の日持ち

1　栽培時の環境条件と日持ち

一般に高温期に収穫した切り花の日持ちは、低温期に収穫したものより日持ちが短い場合が多いなど、切り花の日持ちは栽培時の環境条件の影響を受ける。キク、ガーベラなどの切り花では、栽培時の気温が高温であるほど日持ちは短くなりやすい。アイリス、チューリップおよびフリージアでは栽培時の夜温が上昇するほど、日持ちが短くなることが知られている。

キンギョソウの切り花では、糖質と抗菌剤の後処理により日持ちが延びるのに対し、高温条件で栽培した切り花では、後処理を行なっても、十分に日持ちを延ばすことはできない。高温条件では呼吸活性が高く、貯蔵糖質が消費されやすいため、日持ちが短くなるのではないかと推定されている。しかし、後処理による品質保持効果が限られていることから、糖質のみを原因とすることはできず、糖質以外の何らかの未知の要因が関係していると考えられる。

強光条件での日持ちの向上は、光合成活性の上昇による貯蔵糖質量の増加が原因と考えられている。実際にキクの切り花では、遮光により日持ちが短縮するが、栽培時に二酸化炭素を施用することにより日持ちが長くなる。デルフィニウムでは、弱光条件下では光合成活性が低下して、貯蔵糖質の量が減少する。その結果、エチレン生成が促進され、落花が促進される。これらの結果から、光合成による糖質の合成が日持ちと密接に関係していることが理解される。

また、切り花の日持ちは栽培時の湿度の影響も受ける。バラでは栽培時の相対湿度が上昇するほど、日持ちが短くなる（図❾）。これは、葉の気孔開閉機能が阻害され、気孔が常時開いた状態となり、水分の損失量が増加するためである。逆に低湿条件で栽培したバラでは、気孔の開閉能が正常な状態で維持されるため、日持ちが長くなる。

キクでは、高温・多湿条件下では、気孔の開閉機能が低下することに加え、茎の維管束部の発達が抑制され、水揚げが低下する。また、カルシウムの吸収も阻害され、茎葉が軟弱となる。このような要因により日持ちが極端に短くなると推定されている。

高温・多湿・低日照の環境条件で日持ちが短縮することは、多くの切り花に共通していると考えられる。また、湿度が高い条件下では灰色かび病の発生が助長される（図❿）。したがって、梅雨期をはじめ、

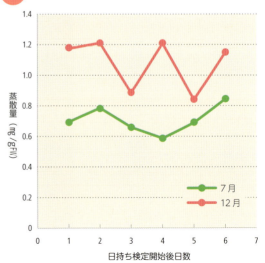

❾　バラ蒸散量の季節間差

❿ 灰色かび病の病徴

品質保持剤

切り花の日持ち延長のために使用する薬剤を品質保持剤と呼ぶ。鮮度保持剤と呼ばれることもある。また、延命剤と呼ばれることも少なくない。しかし、延命剤という呼び方は死にかけた切り花の日持ちを無理やり延ばすようなイメージを想起させるため、適当ではないと考えている。切り花の日持ち延長にもっとも有効で簡便な方法が、品質保持剤を適切に処理することである場合が多い。

このような条件下で生産された切り花は、取り扱いに注意する必要がある。

❷ 栽培方法・肥培管理と切り花の日持ち

バラは、土耕以外に、ロックウールなどを利用した養液耕で栽培されることが多いが、ロックウール耕により日持ちがやや短くなることがある。一般に養液栽培では生育が旺盛になり、葉が大きくなりやすい。蒸散量は葉面積に比例するため、葉が大きい切り花では、蒸散過多により水揚げが悪化し、日持ちが短くなりやすい。そのため、養液耕では葉の生育が過剰とならないように注意が必要である。

一般に、土壌水分を低下させて、堅くしめた花ほど日持ちがよいと考えられている。実際に、灌水を控えて栽培したキクとカーネーションでは、切り花の日持ちが長くなることが明らかにされている。灌水量を多くすると葉の肥大成長が促進され蒸散量は増大する。つまり、多灌水による日持ち短縮の原因の一つは、葉面積の増大である可能性が高い。

商品価値のある切り花を生産するためには適切な施肥が必要であり、多肥条件で栽培した切り花の日持ちは一般的に短い。キクとバラでは、多窒素条件で栽培すると、切り花の日持ちが短縮する。キクを高温・多湿条件で栽培すると、窒素が過剰に吸収されるが、カルシウムの吸収が阻害され、日持ちが短縮する。カルシウムは組織を強固にする作用があり、ガーベラとキンギョソウの切り花では、収穫後に処理すると、茎の曲がりを防止できることも明らかにされている。日持ちの長い切り花を生産するためには、カルシウムの含量を高くする栽培体系を検討することも有用である。

❶ 品質保持剤の種類と含まれる成分

品質保持剤は、生産者が出荷前に使用する前処理剤（表❷）、湿式輸送中に使用する輸送用品質保持剤、小売段階で使用する小売用品質保持剤、消費者段階で使用する後処理剤に大別される。

小売段階で使用する品質保持剤は中間処理剤と呼ばれることもある。消費者段階で使用する後処理剤はフラワーフードと呼ばれることが多い。最近では、メーカーの間で、切り花栄養剤に統一する動きがある。

品質保持剤にはさまざまな成分が含まれている。代表的な物質として、エチレン阻害剤、糖質、抗菌剤、植物成長調節物質があげられる。これら以外に界面活性剤、無機塩なども含まれている。

次には、それぞれの品質保持剤とその効果について述べる。

❷ 前処理剤

● 前処理剤の品質保持効果

エチレンに対する感受性の高い切り花の多くは、

表❷ 前処理剤の成分と対象品目

成　分	対象切り花品目
STS	カーネーション、デルフィニウム、スイートピー
STS＋糖質	トルコギキョウ、シュッコンカスミソウ、ハイブリッドスターチス
STS＋ジベレリン	アルストロメリア、ユリ、グロリオサ
STS＋界面活性剤	キンギョソウ、ブバルディア
BA	湿地性カラー、ダリア
植物成長調節物質	球根類一般
抗菌剤	バラ、キク、ガーベラ、ヒマワリ

⓫ カーネーション切り花の日持ちに及ぼすSTS剤処理の効果（日持ち検定20日目）

STS剤による品質保持効果がきわめて高い。とくに、カーネーション、スイートピーおよびデルフィニウム切り花では、日持ちを2倍以上長くすることができる（図⓫）。これらの品目では、適切な前処理を行なわないと、その後の品質管理をいかに適切に行なっても、十分な品質保持期間を得ることができない。

トルコギキョウ、シュッコンカスミソウおよびハイブリッドスターチス用の前処理剤の主成分は、STS剤と糖質である。STS剤は生産者段階で半日程度処理すれば、切り花のエチレンに対する感受性がほとんど消失し、その後の処理は必要ない。しかし、糖質の場合は、前処理のみでは不十分であるため、消費者段階での後処理も非常に重要である。また、抗菌剤を主成分とする前処理剤も市販されているが、これを切り花に処理しても、消費者が観賞する段階では細菌の増殖を抑える効果はほとんどない。したがって、このような前処理剤の品質保持効果は限定的であると考えたほう

が無難である。

球根用前処理剤も市販されている。成分は企業秘密のため不明であるが、ジベレリンあるいはサイトカイニンなどの植物成長調節物質が含まれていると推定される。ユリとダッチアイリスでは、一つ一つの花の老化を遅延し、日持ち延長の効果があることが明らかにされている。一方、グラジオラスでは、蕾の開花を促進する効果がある。

チューリップでは、エチレンの発生剤であるエテホンと合成サイトカイニン剤である6-ベンジルアミノプリン（BA）の前処理は花茎の伸長と葉の黄化をそれぞれ抑制する。このため、これらの植物成長調節物質を組み合わせた前処理を行なうと、品質保持効果を示す（図⓬）。比較的最近、チューリップ用の前処理剤が市販されるようになったが、それにもこのような物質が含まれているのではないかと推定される。

湿地性のカラー切り花では、BAの散布あるいは浸漬処理により日持ちが長くなる。しかし、一般的な処理方法である吸水では品質保持効果はなく、この理由はよくわかっていない。同様に、ダリア切り花でもBAの散布処理により日持ちが長くなる。このように植物成長調節物質を利用した新たな前処理

⓬ チューリップ切り花の品質保持に及ぼすエテホンとBA前処理の効果（日持ち検定6日目）

対照　　　　　　　　　　　前処理

方法が開発されつつあり、これを用いた前処理剤も市販されるようになった。

● **前処理液の調製と処理時期**

市販の前処理剤は説明書に従い、水道水を用いて規定濃度に希釈し、規定の時間処理しなければならない。前処理液を繰り返し使用すると、細菌をはじめとする微生物が増殖して吸収が阻害され、効果が不十分となりやすい。前処理液の使用は、原則として1回限りとすることが望ましい。

カーネーション、スイートピー、デルフィニウムなど、エチレンに対する感受性の高い品目では、STSを主成分とする前処理剤を処理することで日持ちを大きく伸ばすことができる。しかし、処理にあたってはいくつか注意すべきことがある。

一般に収穫直後のエチレン生成量は低いが、次第に上昇する。カーネーションの切り花では、収穫後5日目以降に増大するが、スイートピーの切り花では、収穫後1日目にはエチレン生成量が著しく増大し、老化が進行する。このようことからSTS処理は収穫後ただちに行なう必要がある。

3 　　輸送用品質保持剤

湿式輸送時に使用される品質保持剤であり、主成分は抗菌剤である。容器に入れた水中の微生物の増殖を抑えるために使用されるもので、切り花の日持ちを積極的に延ばす効果は期待できない。

ただし、抗菌剤に糖質を加えた品質保持剤を処理することにより、切り花にエネルギー源が供給され、日持ちを延ばすことができる。糖質による日持ち延長効果は、吸収量が多くなるほど高まる。北海道などの遠隔地から首都圏に長時間かけて輸送する場合に、日持ち延長効果が高まることが期待できる。

4 　　小売用品質保持剤

小売用品質保持剤は「中間処理剤」と呼ばれることもあり、主成分は糖質と抗菌剤である。ただし、糖質の濃度が高いと開花の進行が危惧されることにより消費者用品質保持剤よりも糖質の濃度は低く調整されている。一般的に、糖質があると開花してしまうため、開花させたくないときは糖質を与えないほうがよいと考える業界関係者も少なくない。しかし、この見解には誤解がある。糖質により開花が促進されることは事実であるが、開花のスピードが速まるわけではない。仮に流通過程で糖質を与えないとすると、本来開花するべき時期に糖質が与えられないことになり、その後の開花が阻害される。このようなことから、糖質は流通上も可能な限り常時与えることが望ましい。

他にも、水揚げ促進剤が用いられることがある。主成分は界面活性剤であり、切り口を瞬間的に浸すだけで、その後の水揚げが促進される。ケイトウやクルクマのような品目では、乾式で輸送すると吸水が不良となり、日持ちが短縮することがある。このときに、界面活性剤を主成分とする品質保持剤を処理すると、水揚げを促進させ、日持ちの短縮を回避することができる。

散布するタイプの小売用の品質保持剤もあり、これには合成サイトカイニン剤が含まれていると考えられている。ダリアやストックの切り花に散布すると、日持ちを延ばすことができる。

5 　　消費者用品質保持剤

消費者用の品質保持剤は、「後処理剤」あるいは「フラワーフード」と呼ばれることが多い。品質保持剤メーカーでは「切り花栄養剤」と呼ぶことを推奨している。

後処理剤の主成分は糖質と抗菌剤である。他に無機塩を含む製品もある。それ以外に、市販の各製品において独自の成分が含まれていると推定される。多くの後処理剤は多様な品目に対応できるように調整されているが、バラ用、球根類用など品目に特化した製品もある。

糖質にはグルコースかフルクトースが使用されている。バラやカーネーションなどでは、糖質を連続処理する場合、グルコースやフルクトースのほうがスクロースよりも日持ちを延ばす効果が高いことが

13 ソリダゴ切り花の品質保持に及ぼす後処理の効果（日持ち検定13日目）

明らかにされている。ただし、なぜ品質保持効果に差が生じるのかについてはよくわかっていない。

多くの切り花品目では、後処理剤の処理により日持ちが長くなる。とくにバラ、スプレーカーネーション、トルコギキョウ、シュッコンカスミソウ、ストック、ソリダゴなど、蕾が多数着いた切り花の品質保持に効果が高い（図⓭）。

切り花の日持ちは高温条件下では短くなりやすいが、後処理剤で処理すると日持ちの短縮が抑えられることが多い。スタンダードカーネーションやデルフィニウムのように、STS剤の処理により日持ちが著しく長くなる品目では、STS剤が適切に処理されている場合、常温では後処理剤による日持ちのさらなる延長効果はあまり大きくない。しかし、高温条件で保持した場合には、STS剤の品質保持効果がかなり低下するため、後処理剤によって日持ちを著しく延ばすことができる。

また、後処理剤の品質保持効果があまりない、あるいは日持ちをむしろ短くする品目も存在する。ブプレウルム切り花では、後処理により苞葉の黄化が促進され、日持ちが短縮する。湿地性カラーやスターチスシヌアータなどでも後処理剤による日持ちの延長はみられない。効果がみられない品目の特徴として、花弁が主たる観賞部位でないことがあげられる。また、後処理剤により葉に薬害が生じる場合があり、とくにバラでは注意が必要である。

4 予冷・輸送

切り花の流通において、輸送はかなりの時間を要する過程である。加えて多くの品目では、輸送中には水分を供給されないことが一般的である。そのため、輸送環境は消費者段階での切り花の日持ちに大きく影響を及ぼす可能性が高い。予冷は海外では一般的な鮮度保持手段である。日本国内でも最近、予冷の重要性が再認識されつつある。

1 予冷

収穫後あるいは出荷前に速やかに温度を低下させることを予冷と呼ぶ。収穫された切り花は、呼吸に

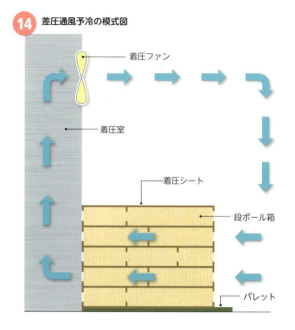

⓮ 差圧通風予冷の模式図
着圧ファン
着圧室
着圧シート
段ボール箱
パレット

伴う呼吸熱の発生により切り花の品温が上昇し、品質が低下する。呼吸量は温度が高いほど大きくなり、貯蔵糖質の消費量も増大する。このような輸送中の呼吸などによる鮮度低下を防ぐもっとも効果的な方法は、低温にさらすことである。しかし、品温の低下は緩慢であるため、単に冷蔵庫に入れただけではその効果は十分ではない。そのため、速やかに品温を低下させる予冷が必要となる。

切り花に適用できる予冷方式は、冷風冷却と真空冷却に大別される。冷風冷却には強制通風冷却と、その改良法である差圧通風冷却がある。

真空冷却は、品物の周囲の圧力を下げて品物からの水分蒸発を促進させ、そのとき奪われる蒸発潜熱によって品物の温度を低下させる。冷却速度は他の方法よりも圧倒的に早い。しかし、切り花の場合、水分損失が大きいため障害を起こしやすいことが最大の問題であろう。

強制通風冷却は、予冷庫内の冷気を送風機により強制的に撹拌し、容器または産物に直接冷気を吹きつけることによって冷却する。冷却速度が遅く、品温むらが発生しやすいことが問題となっている。強制通風冷却の欠点を補うために開発されたのが、差圧通風冷却である。段ボール箱の相対する２側面に設けた通気孔を通して、冷気を段ボール箱内に強制的に導入し、品物と直接熱伝達ができるようにした方法である（図⓮）。

これらの３種類の予冷方法では、差圧通風冷却法が切り花の予冷にはもっとも適当であると考えられ

ている。しかし、その施設はほとんど普及しておらず、今後の整備が望まれる。

2　保管

切り花は出荷されるまで、あるいは小売店で販売されるまでの数日間保管されることがある。保管期間が長いほど切り花の日持ちは短くなる。保管期間は極力短くすることが望ましいが、出荷に必要な一定の本数に達するまで、やむなく保管されることがある。また、切り花は母の日や盆、彼岸など、「物日」と呼ばれる特需期がある。このような時期に安定的に出荷するためには、保管技術の高度化を図ることが必要とされている。

3　切り花の輸送方法

切り花の輸送方法は、水を供給しない状態で輸送する乾式輸送と、水を供給しながら輸送する湿式輸送に大別できる（図⑮⑯）。乾式輸送では、通常は切り花を段ボール箱に横詰めし、横置きで輸送するのが一般的である。ガーベラのように茎が屈曲しやすい品目では縦置きで輸送することもある。

湿式輸送にはさまざまなタイプがある。湿式輸送のうち、出荷容器に回収・再利用可能なバケットを用いる方式をバケット輸送と呼ぶ。バケット輸送以外の湿式輸送にはさまざまなタイプがあり、使い捨てのプラスチック容器に水を入れる方式がもっとも一般的である。通常の湿式輸送では箱を傾けると水がこぼれるが、こぼれないタイプの輸送方式も開発されている。また、やや厚手のビニール袋を用いた輸送形態も増えている。

ゲランガム製やパルプ製など、専用の給水剤が用いられる場合も少なくない。ただし、給水資材を用いた場合、通常の湿式輸送に比べると給水能力は劣る。なお、単に保湿剤で切り口を覆うだけの簡易な方式もあるが、このような方式では切り花に給水することはできないため、湿式輸送とはいい難い。

4　湿式輸送の品質保持効果

バラやシュッコンカスミソウなどの切り花では、湿式で輸送したほうが乾式で輸送した場合よりも輸送後の日持ちが優れる。しかし、湿式輸送では開花が進行しやすいため、低温輸送の必要性が指摘されている。そのため、低温かつ輸送時間が短い場合には、湿式輸送と乾式輸送の日持ちの差は小さくなる。したがって、低温で短時間の輸送が基本であるといえる。

常温で長時間の乾式輸送では日持ちは非常に短くなり、切り花の品質保持には適さない。乾式輸送では切り口に空気が入って導管が詰まりやすくなる。乾式輸送の時間が長くなると、茎の上部にも気泡が入り、切り戻しにより除くことができない。このような気泡が水揚げを阻害し、日持ち短縮に関わっていると考えられている。また、切り花を乾式で輸送すると、輸送後の給水が抑制され、開花が阻害されやすい。

（東未来・市村一雄）

⑮　乾式輸送で出荷されたキク切り花

⑯　湿式輸送で出荷されたトルコギキョウ切り花

切り花の標準的な日持ち日数一覧

品目	効果的な前処理剤	効果	後処理剤の効果	常温（23℃）	高温（30℃）
アイリス	BA+GA	●	●	5	不可
アジサイ	抗菌剤	△	●	10	7
アスター	無	−	△	14	10
アスチルベ	不明	#	●	5	＊
アネモネ	無	−	△	5	＊
アルストロメリア	STS＋GA	●	●	14	10
オンシジウム	無	△	△	10	7
カトレア	1-MCP	●	△	7	＊
カーネーション	STS	●	●	14	10
ガーベラ	抗菌剤	△	●	10	7
カラー	BA	●	−	5	＊
カンパニュラ	無	−	●	10	7
キク類	STS	△	●	14	10
キンギョソウ	STS	●	●	10	5
キンセンカ	無	−	●	5	＊
グラジオラス	BA+GA	△	●	7	5
クルクマ	界面活性剤	△	−	14	10
グロリオサ	GA	△	△	7	5
ケイトウ	無	−	△	14	10
コスモス	無	−	●	5	＊
コチョウラン	無	−	−	14	＊＊
コデマリ	STS	●	●	10	＊
サクラ	糖質＋抗菌剤	△	●	5	＊
サンダーソニア	無	−	●	5	＊
シャクヤク	STS	△	●	5	＊
シュッコンアスター	無	−	−	14	10
シュッコンカスミソウ	STS＋糖質	●	●	10	7
シンビジウム	1-MCP	△	−	10	＊＊
スイートピー	STS	●	●	7	＊
スカビオサ	STS	●	−	7	＊
スターチスシヌアータ	GA	△	−	14	10
ストック	STS	●	●	10	＊
ストレリチア	無	−	△	7	5
ソリダゴ	無	−	●	10	7
ダイアンサス	STS	●	●	14	＊＊
ダリア	BA	●	●	5	＊
チューリップ	BA＋エテホン	●	●	5	＊
デルフィニウム	STS	●	●	7	5
デンドロビウムファレノプシス	不明	#	△	10	＊＊
トルコギキョウ	STS＋糖質	●	●	10	7
ニホンスイセン	STS＋GA	●	−	5	＊
ハイブリッドスターチス	STS＋糖質	●	●	7	5
ハナショウブ	STS	△	●	5	＊
ハナモモ	糖質＋抗菌剤	△	●	5	＊
バラ	糖質＋抗菌剤	●	●	7	5
パンジー	不明	#	●	10	＊
ビブルナム	抗菌剤	△	●	7	5
ヒペリカム	無	−	●	10	7
ヒマワリ	無	−	●	7	5
ブバルディア	不明	#	●	10	＊＊
ブプレウルム	無	−	−	5	＊
フリージア	無	−	●	7	＊
ブルースター	STS	●	●	10	7
ブルーレースフラワー	不明	#	−	5	＊
ホワイトレースフラワー	不明	#	●	5	＊
マーガレット	無	−	●	10	＊＊
ユキヤナギ	不明	#	●	10	＊＊
ユリ類	無	●	△	10	7
ラナンキュラス	STS	△	△	5	＊
リンドウ	STS	●	●	10	7

● 無処理に比較して日持ちを1.5倍以上延長
● 1.2〜1.5倍延長
△ やや延長
− 効果なし
不明

適切な前処理と後処理を組み合わせたときの標準的な日持ち日数を示すが、品種、栽培前歴、輸送環境により変動する

＊ 常温での結果から5日未満と推定
＊＊ 未調査

生産者用品質保持剤

市販品質保持剤一覧

商品名	特徴	販売元
美咲ファーム	主成分は糖質、抗菌剤および無機イオンで切り花全般用	OATアグリオ（株） 〒101-0052　東京都千代田区神田小川町1-3-1 NBF小川町ビルディング8階 TEL：03-5283-0251／FAX：03-5283-0258
クリザール　K-20C	STSが主成分でエチレンに感受性の高い多くの切り花品目用	クリザール・ジャパン（株） 〒584-0022　大阪府富田林市中野町東2-4-25 TEL：0721-20-1212／FAX：0721-25-8766
クリザール　ブースター	STSと糖質が主成分でK-20Cと混用して使用	
クリザール　かすみ	STSと糖質が主成分でシュッコンカスミソウ用	
クリザール　カスミSC	STSと糖質に加え、香気成分発散抑制剤を含む	
クリザール　小ギク	小ギク用	
クリザール　スターチス	STSと糖質が主成分でスターチス用	
クリザール　バラ	抗菌剤が主成分、バラ用	
クリザール　ヒマワリ	抗菌剤が主成分、ヒマワリ、ガーベラに有効	
クリザール　ブバル	アジサイ、キンギョソウ、ブバルディア用	
クリザール　メリア	アルストロメリア、ユリ、グロリオサ用	
クリザール　ユーストマ	トルコギキョウ用	
クリザール　CVBN	主成分は抗菌剤、切り花全般用	
クリザール　SVB	葉の黄化を抑制	
クリザール　BVB	球根切り花用	
クリザール　BVBエクストラ	チューリップ専用で茎の伸長と葉の黄化を抑制	
スーパーカーネーション	蕾切りしたカーネーション用、STSと糖質が主成分	
ミラクルミスト	湿地性カラー、ダリア用、浸漬・噴霧により処理	
エチルブロック™	1-MCPが主成分でエチレンを阻害	スミザーズオアシスジャパン（株） 〒164-0012　東京都中野区本町3-32-22　東ビル4F TEL：03-3376-7300／FAX：03-3376-7309
ハイフローラ/20	STSが主成分でカーネーションなどエチレンに感受性の高い切り花用	パレス化学（株） 〒236-0004　神奈川県横浜市金沢区福浦1-11-16 TEL：045-784-7240／FAX：045-788-1528
ハイフローラ/コンク	STSが主成分でカーネーションなどエチレンに感受性の高い切り花用	
ハイフローラ/カーネ	STSが主成分で短時間処理用	
ハイフローラ/スターチス	STSと糖質が主成分で宿根スターチス用	
ハイフローラ/カスミ	STSと糖質が主成分でシュッコンカスミソウ用	
ハイフローラ/カスミ　カラーリング	STSと糖質が主成分のシュッコンカスミソウ用で染色も同時に行なう	
ハイフローラ/AE	アルストロメリア用で落花と葉の黄化を抑制	
ハイフローラ/BRC	抗菌剤が主成分で枝もの用	
ハイフローラ/バラ	抗菌剤が主成分でバラ用	
ハイフローラ/マム	キク用で下葉の黄化を抑制	
ハイフローラ/ガーベラ	抗菌剤が主成分でガーベラ用	
ハイフローラ/クイック	水揚げ促進剤	
ハイフローラ/つぼみ	蕾の開花促進剤で主成分は糖質	
キープ・フラワーバラ	輸送時にも使用可能	フジ日本精糖（株） 〒103-0025　東京都中央区日本橋茅場町1-4-9 TEL：03-3667-7811
P・Tカーネーション	STSが主成分でカーネーションなど、エチレンに感受性の高い切り花用	
STS・PLUS	抗菌剤が主成分でSTS剤と混用して使用	
キープ・フラワーBB	バラ切り花を除く切り花全般に対する湿式輸送用で主成分は抗菌剤	
キープ・フラワーつぼみ	蕾の開花促進剤で主成分は糖質	
ピチピチブルファン	非金属性エチレン阻害剤と糖質が主成分で、ハイブリッドスターチス用	福花園種苗（株） 〒460-0017　名古屋市中区松原2-9-29 TEL：052-321-5541／FAX：052-331-1009
美ターナル・バラ	バラ専用	（株）フロリスト・コロナ 〒547-0001　大阪市平野区加美北8-11-6 TEL：06-6794-7773／FAX：06-6794-1200
美ターナル・STS	主成分はSTSでエチレンに感受性の高い品目用	
美ターナル・セレクト	STS、糖質および抗菌剤が主成分でエチレンに感受性の高い品目用	

市販品質保持剤一覧

輸送用品質保持剤

商品名	特徴	販売元
美咲ファームBC	主成分は抗菌剤と無機イオンで切り花全般用	OATアグリオ（株）
クリザール　バケット	主成分は抗菌剤	クリザール・ジャパン（株）
ハイフローラ/バケット	主成分は抗菌剤	パレス化学（株）
ハイフローラ/B-500	主成分は抗菌剤でバラ用	パレス化学（株）

小売用品質保持剤

商品名	特徴	販売元
美咲プロ	主成分は糖質、抗菌剤および無機イオンで切り花全般用	OATアグリオ（株）
プロフェッショナル	主成分は糖質と抗菌剤で切り花全般用	クリザール・ジャパン（株）
クリア200	主成分は糖質と抗菌剤で切り花全般用	スミザーズオアシスジャパン（株）
ローズクリア200	主成分は糖質と抗菌剤でバラ用	スミザーズオアシスジャパン（株）
フィニッシングタッチ	散布用でダリアに効果	スミザーズオアシスジャパン（株）
クイックディップ®	水揚げ促進用	スミザーズオアシスジャパン（株）
華の精・エチレンカット	エチレンに感受性の高い切り花用	パレス化学（株）
華の精 Run〜潤	水揚げ促進用	パレス化学（株）
キープ・フラワーEX	主成分は糖質と抗菌剤で店頭での保管用	フジ日本精糖（株）
キープ・フラワーBB	主成分は抗菌剤	フジ日本精糖（株）
ハイスピード	水揚げ促進用	フジ日本精糖（株）
美ターナル・ライフ	主成分は糖質と抗菌剤で切り花全般用	（株）フロリスト・コロナ

消費者用品質保持剤

商品名	特徴	販売元
美咲	主成分は糖質、抗菌剤および無機イオン。切り花全般用	OATアグリオ（株）
フラワーフード	切り花全般用	クリザール・ジャパン（株）
ユニバーサル・エリート	切り花全般用で特に有効	クリザール・ジャパン（株）
ユリ・アルストロメリア用	ユリ・アルストロメリア専用	クリザール・ジャパン（株）
枝物用	枝物用	クリザール・ジャパン（株）
ハカモリ君	仏花用	クリザール・ジャパン（株）
切花栄養剤	主成分は糖質と抗菌剤で切り花全般用	スミザーズオアシスジャパン（株）
バラ用切花栄養剤	主成分は糖質と抗菌剤でバラ用	スミザーズオアシスジャパン（株）
フローリスト	主成分は糖質と抗菌剤で切り花全般用	住友化学園芸（株）〒103-0016　東京都中央区日本橋小網町1-8 茅場町高木ビル5F　TEL：03-3663-1128
花工場　切花ロングライフ液	主成分はトレハロースと抗菌剤で切り花全般用	住友化学園芸（株）〒103-0016　東京都中央区日本橋小網町1-8 茅場町高木ビル5F　TEL：03-3663-1128
マイローズばらを長く楽しむ切花液	主成分は糖質と抗菌剤でバラ用	住友化学園芸（株）〒103-0016　東京都中央区日本橋小網町1-8 茅場町高木ビル5F　TEL：03-3663-1128
キュート　切花長もち液	主成分は糖質、抗菌剤および界面活性剤で切り花全般用	（株）ハイポネックスジャパン〒532-0003　大阪市淀川区宮原4-1-9 新大阪フロントビル11階　TEL：06-6396-1122
水あげ名人	主成分は糖質、抗菌剤および界面活性剤	（株）ハイポネックスジャパン〒532-0003　大阪市淀川区宮原4-1-9 新大阪フロントビル11階　TEL：06-6396-1122
華の精	切り花全般用。主成分は糖質と抗菌剤	パレス化学（株）
華の精・エキスパート	切り花全般用	パレス化学（株）
華の精・ローズ	バラ専用	パレス化学（株）
華の精・枝もの	枝もの専用	パレス化学（株）
華の精・キク	キク用。下葉の黄化を抑制	パレス化学（株）
キープ・フラワー	切り花全般用で主成分は糖質と抗菌剤	フジ日本精糖（株）
キープ・ローズ	バラ専用で主成分は糖質と抗菌剤	フジ日本精糖（株）
美ターナル	切り花全般用	（株）フロリスト・コロナ

※各社のホームページから著者が調査。すべての市販品質保持剤を網羅できているとは限らない

索引

1-MCP 58
6-ベンジルアミノプリン（BA） 134
8-ヒドロキシキノリン硫酸塩（8-HQS）
.... 61,101
STS（チオ硫酸銀錯体） 129

ア

アイリス 36,54
アジサイ 36,55
アスター 36,114
アスチルベ 37,114
後処理（剤） 135
アネモネ 37,115
アブシシン酸 94
アミノエトキシビニルグリシン（AVG）
.... 58,81,94
アミノオキシ酢酸（AOA） 58,81
アルストロメリア 1,56
アントシアニン 132
イソチアゾリノン系抗菌剤 67,101
インローリング 58
エチレン 128
エチレン感受性 128
エチレン合成阻害剤 81,94
エチレン阻害剤 60
塩化カルシウム 63
塩化ベンザルコニウム 84
黄化
.... 56,66,67,73,82,83,85,88,96,109,120,124,134,136
オーロン 132
オンシジウム 37,115

カ

カーネーション 2,3,58
ガーベラ 4,62
開花 131
開花液 61
界面活性剤 62,72,74,84,97,123,135
カトレア 37,116
花被 88,108
カラー 38,64
乾式輸送 137
カンパニュラ 39,65

キク 5,6,7,8,66
気泡 130
キャビテーション 130
球根用前処理剤 54,71,122,134
球根用後処理剤 54,87,111
給水（剤） 137
切り前 49
キンギョソウ 9,68
キンセンカ 10,70
茎折れ 126
グラジオラス 39,71
クルクマ 39,72
グルコース 130
グロリオサ 11,73
ケイトウ 40,74
ゲランガム 73,137
ゲンチオビース 112
抗菌剤 130,133,135
小売用品質保持剤 135
呼吸 131
コスモス 40,116
コチョウラン 40,117
コデマリ 40,75

サ

差圧通風予冷 136
細菌 130
サイトカイニン 134
サクラ 40,117
サンダーソニア 41,118
湿式輸送 137
ジベレリン（処理） 134
シャクヤク 12,76
ジャスモン酸メチル 95
シュッコンアスター 41,118
シュッコンカスミソウ 13,78
受粉 129
蒸散 130
硝酸銀 100
シンビジウム 41,119
スイートピー 14,80
スカビオサ 41,119
スクロース 130
スターチスシヌアータ 15,82
ストック 16,17,84

索引

141

索引

ストレリチア 42,120
ソリダゴ 42,120

タ

ダイアンサス 42,121
退色 132
ダリア 18,19,86
中間処理剤 135
チューリップ 20,21,88
デルフィニウム 22,23,90
デンドロビウムファレノプシス 42,121
トゥイーン 20 97
導管閉塞 66,99,130
糖質（処理） 130
トルコギキョウ 24,25,26,92

ナ

ナフタレン酢酸 94
ニホンスイセン 43,96
眠り症 58

ハ

灰色かび病 132
ハイブリッドスターチス 43,97
バクテリア 130
バケット輸送 137
発色 131,132
花しみ 108
ハナショウブ 44,122
ハナモモ 44,122
バラ 27,28,29,98
パンジー 45,102
ビブルナム 45,103
ヒペリカム 45,104
ヒマワリ 30,105
日持ち試験 126
日持ち保証（販売） 48
品質保持剤 133
負の屈地性 69
ブバルディア 46,123
ブプレウルム 46,123
フラボノイド 132
フリージア 46,106
フルクトース 130
ブルーイング 99,132
ブルースター 46,107
ブルーレースフラワー 47,124
ベントネック 99
保管 137
ホワイトレースフラワー 47,124

マ

マーガレット 47,125
前処理（剤） 133
水揚げ 130

ヤ

薬害
........................59,60,67,89,90,94,101,107,125,136
ユーストマ 92
ユキヤナギ 47,125
輸送用品質保持剤 135
ユリ類（オリエンタルハイブリッド系と
　LA ハイブリッド系） 31,32,108
予冷 136

ラ

落弁 129
落花 132
ラナンキュラス 33,110
硫酸アルミニウム 101
リンドウ 34,35,112

編著者

市村一雄　　　農研機構　野菜花き研究部門

著者（執筆順）

豊原憲子　　　大阪府立環境農林水産総合研究所

渋谷健市　　　農研機構　野菜花き研究部門

外岡　慎　　　静岡県農林技術研究所

海老原克介　　千葉県農林総合研究センター暖地園芸研究所

名越勇樹　　　静岡県中遠農林事務所

神谷勝己　　　長野県野菜花き試験場

湯本弘子　　　農研機構　野菜花き研究部門

渡邉祐輔　　　新潟県農業総合研究所園芸研究センター

水野貴行　　　農研機構　野菜花き研究部門

宮島利功　　　新潟県農業総合研究所園芸研究センター

東　未来　　　農研機構　野菜花き研究部門

口絵写真撮影協力：(株)大田花き

切り花の日持ち技術
60品目の切り前と品質保持

2017年3月20日　第1刷発行

編著者　市村一雄

発行所　一般社団法人　農山漁村文化協会
〒107-8668　東京都港区赤坂7丁目6-1
電話：03(3585)1141(営業)　03(3585)1147(編集)
FAX：03(3585)3668　振替：00120-3-144478
URL：http://www.ruralnet.or.jp/

ISBN978-4-540-15135-4　　DTP制作　岡崎さゆり・大木美和・中村竜太郎
〈検印廃止〉　　　　　　　　印刷・製本　(株)シナノ
© 市村一雄他2017　　　　　　定価はカバーに表示
Printed in Japan　　　　　　乱丁・落丁本はお取り替えいたします。